図解

眠れなくなるほど面白い

生物の話

東京大学大学院 農学生命科学研究科助教 農学博士
廣澤瑞子 監修

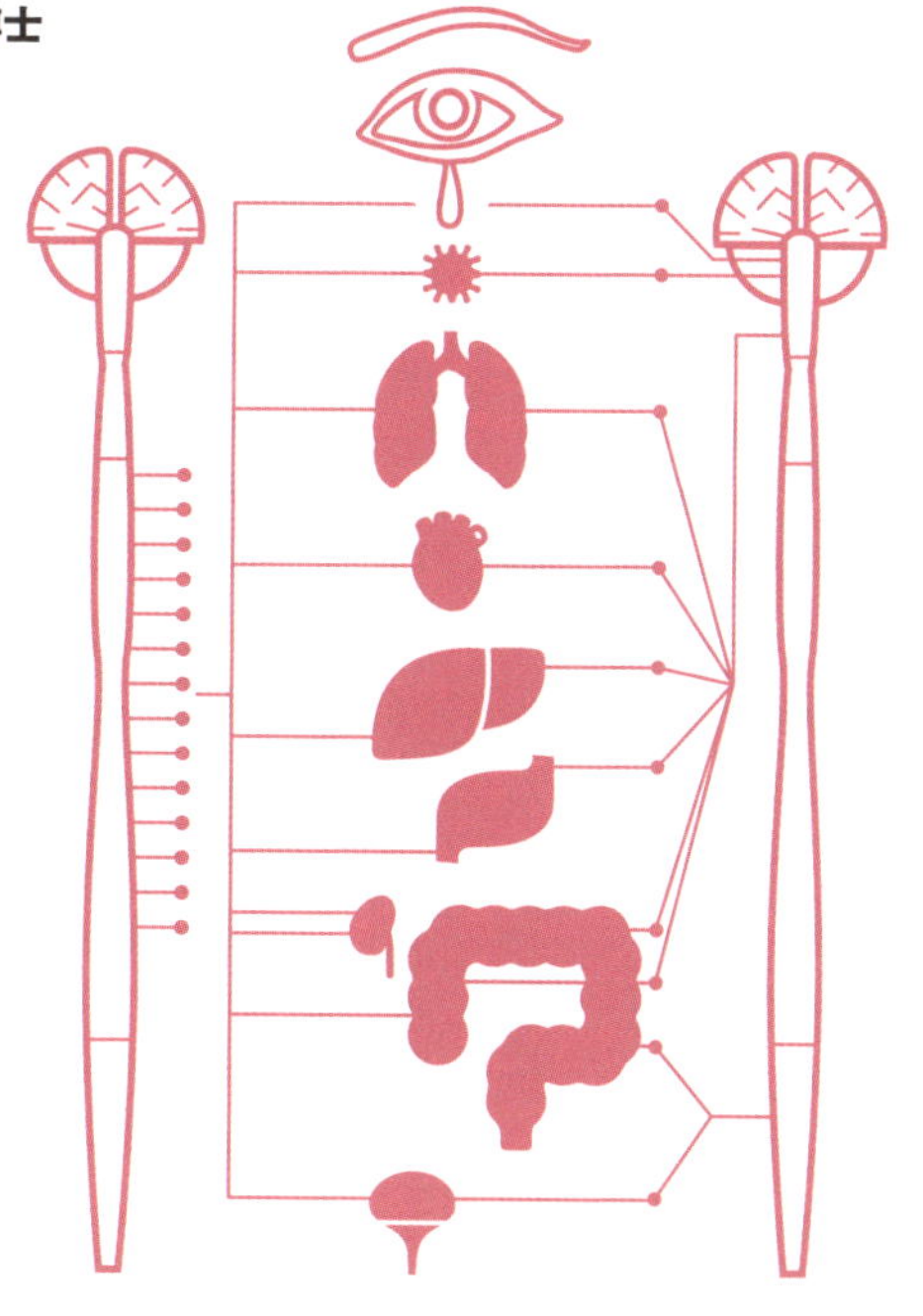

日本文芸社

はじめに

ひと昔前には、「血は争えないわねえ。」という言い回しをよく耳にしたものですが、今では小学生の私の息子でさえ、私に似てしまった低い鼻を、「DNAだからさ。」と嘆く時代です。たわいのないおしゃべりの合間に「DNA」と耳にする、また、DNAの二重らせん構造のデザインを目にする度に、もはやDNAは完全に市民権を得たように感じます。ただ、それと同時に、長年DNAを研究対象としてきた私は、DNAとはいったい何者か？　どのようにどこまで社会に理解されているのだろうと、ふと感じたりもします。

2003年、ヒトの設計図であるヒトDNA全塩基配列の解読を終了したことが高らかに宣言されました。ヒトゲノム計画の完了です。あれからほぼ15年、今や生物学研究は、思い通りにDNAを編集する段階に突入しています。ノーベル賞に輝いた山中教授によるiPS細胞の作製を契機に、人類はすでに臓器再生へと歩を進め、SF映画のフィクションでしかなかった出来事が現実になるのではないかと思わせるほど、生物学は、現在もっとも急速に進展している分野のひとつです。生命を扱う分野の研究だからこそ、特に倫理面については、社会をあげての議論が必要です。社会全体に、生物学に少しでも目を向けてもらって、生物学研究の進んでいく道を監視してもらう必要があると、私は強く思うのです。近年、子どもの理科離れも問題視されていることもあって、まず、とにかく広く、生物学への興味を促していくことが大切だと痛感しています。

生物学に魅せられ長年この分野の研究に携わってきた私は、生物学からは遠いところで生活している皆さんに、その面白さを伝える難しさを感じては大変もどかしく思っていました。そこで今回、日頃ふと思いつくような疑問に答えながら、生物分野の解説をする形式である本書の刊行に関わることができたのは、とても幸いでした。生物学のエッセンスがあると、日常生活での旬の話題や誰しもが気になる病気の話題も、またひと味ちがったものに見えてくるかもしれません。この本をきっかけに、生物学に少しでも興味を持っていただければ、こんなに幸せなことはありません。

本書の監修にあたり、お誘いいただきました日本文芸社編集部の坂将志氏、また、編集者として大変なご苦労をおかけすることになりましたアート・サプライの丸山美紀氏に、大変お世話になりました。誠にありがとうございました。その他、デザインを担当してくださった方をはじめ関わる多くの方々にもお礼を申し上げます。

最後に、家族の惜しみない日々の協力に感謝します。特に、息子、力《りき》からの叱咤激励なしには、本書を仕上げることはできませんでした。息子の力へ心からのありがとうを捧げたいと思います。

2017年12月

廣澤瑞子

目次

3章
生物の発生と生殖

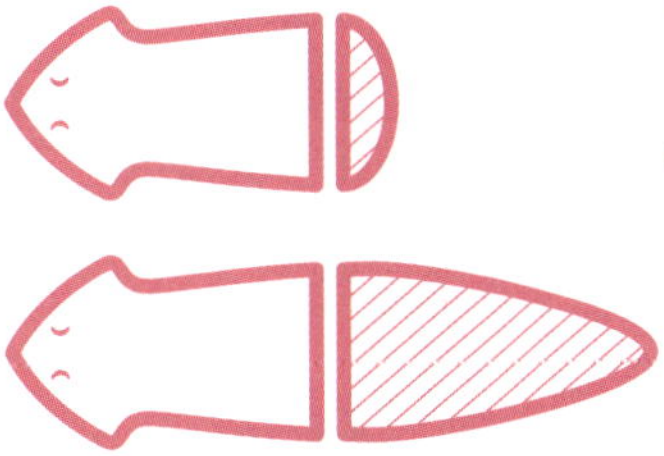

4章
植物のしくみ

5章 ヒトのカラダのしくみと不思議

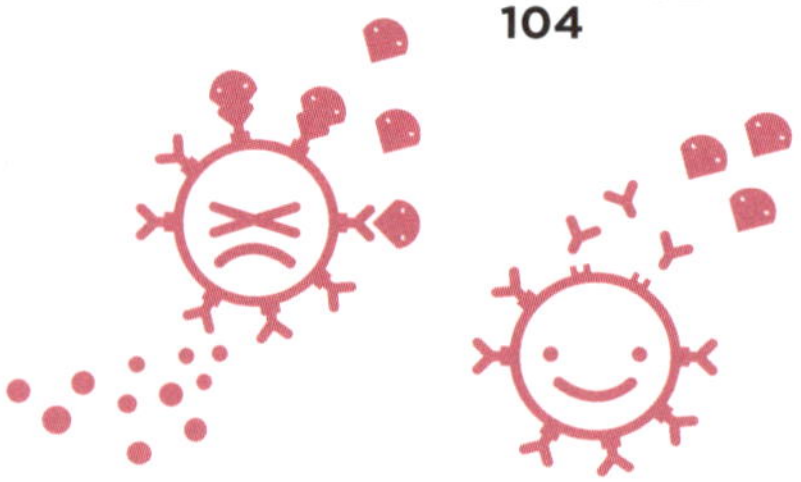

6章 生態系のしくみと生物の未来

1章

生命の誕生と進化

生命が誕生したのはなぜ海の中だったの？

～化学進化と生命の誕生～

地球誕生はおよそ46億年前。それからしばらく、地表はマグマの海に覆《おお》われていました。40億年前頃になると、冷やされたマグマは陸地になり、その際に発生した水蒸気が海になっていきました。そのような状況の地球で、いよいよ生命が誕生します。それは海の中でした。では、なぜ陸上ではなく海中で生まれたのでしょうか。

原子の海には「有機物」が豊富に溶けていたからです。有機物とは、アミノ酸、糖、核酸塩基など、炭素を成分として含む化合物のこと。生命を構成する重要な要素です。原子の地球における有機物の生成については、有名なミラーの実験によって、紫外線や雷の激しいエネルギーにより大気中の無機物から生成された可能性が示されています。また、地球に衝突した小天体（隕石《いんせき》）から有機物がもたらされたとも考えられています。

これらの有機物は、雨とともに降り注ぎ、海に蓄積されていきました。アミノ酸、糖、核酸塩基などの低分子有機物は、互いに繋《つな》がりやすいという性質を持っています。海底にある火山から供給される熱エネルギーによって低分子が結合し、タンパク質、炭水化物、核酸などの複雑な高分子有機物になっていきます。海底に堆積《たいせき》する金属化合物は、有機物を吸着することで、低分子がつながっていく化学反応を促《うなが》す触媒《しょくばい》の役割を果たしました。

地表を飛び交う紫外線や荷電粒子《かでんりゅうし》〈※〉は、これら高分子をズタズタにしてしまうほどの破壊力があります。海はこれらをはねつけ、高分子有機物を優しく包み込みました。海はまさに生命のゆりかごだったのです。こうして地球上に生命が誕生しました。

※イオン化した原子や電荷を持った素粒子のこと。

●原始地球のようすと有機物の生成

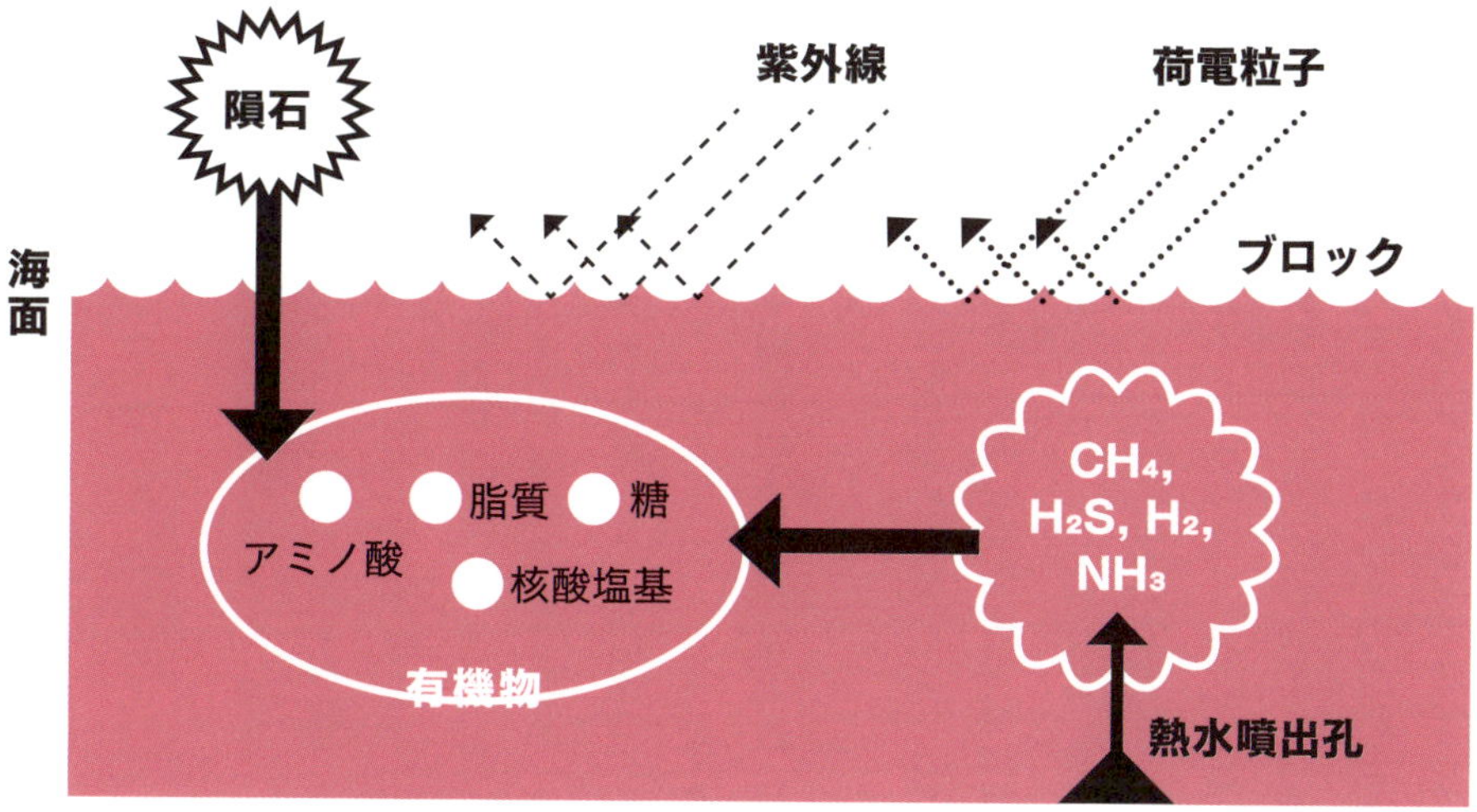

原子の地球における有機物の生成については、いくつかの説がある。海洋底の熱水噴出孔付近では水の沸点が数百℃にもなり、アミノ酸をはじめとする多くの有機物が生じたと考えられる。また、隕石とともに落下した地球外の有機物が起源であるという説もある。

●ミラーの実験

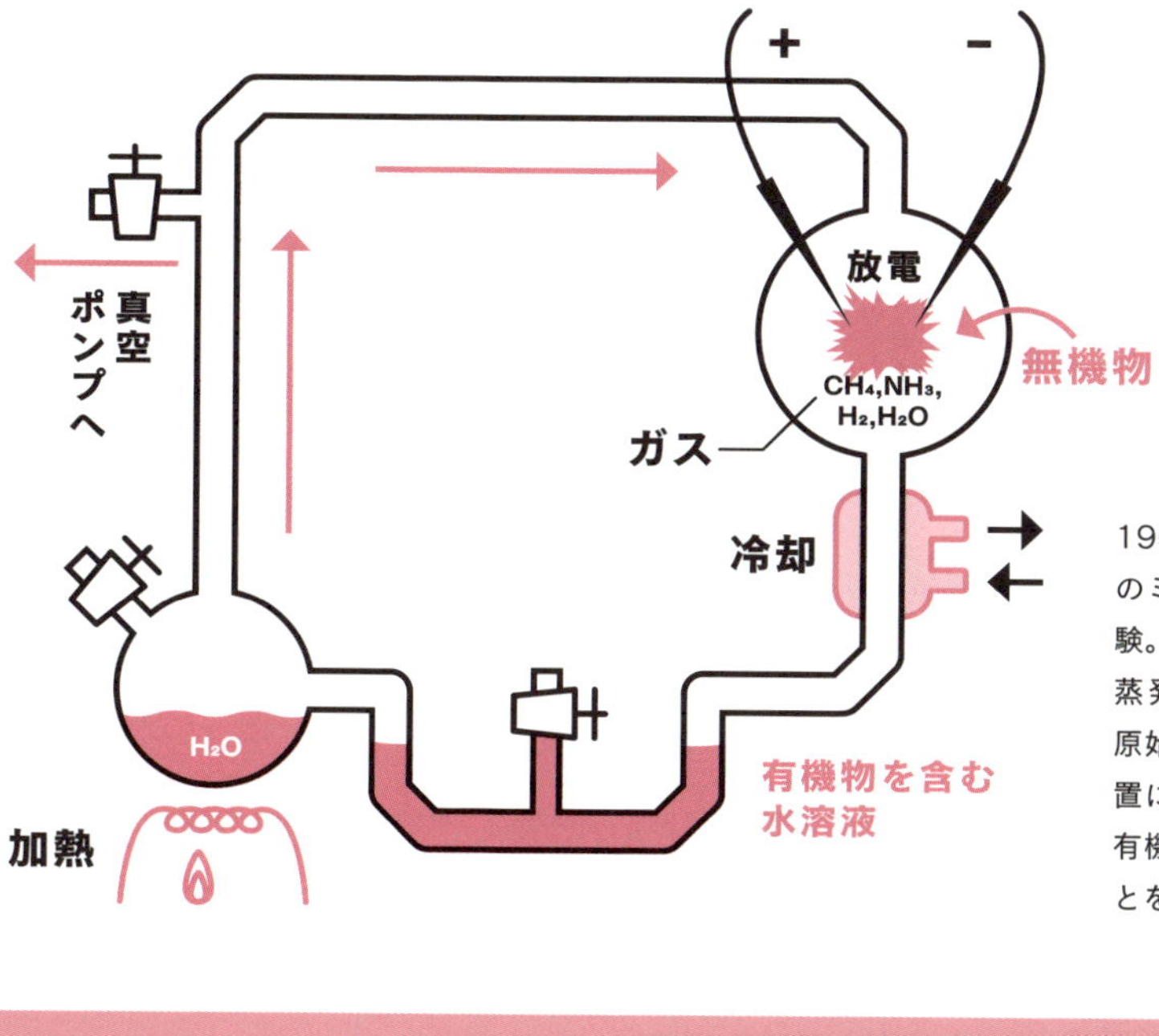

1953年、アメリカのミラーらが行った実験。地熱による海水の蒸発、降雨、雷など、原始地球を想定した装置によって無機物から有機物が生成されることを確認した。

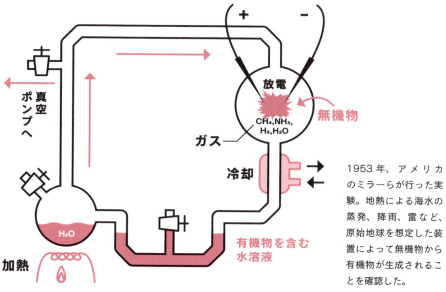

酸素はもともと生物にとって毒だった!?

～原子生物と当時の地球環境～

植物が光合成によって作り出す酸素が存在するから、その酸素によって動物は生息できる――。この常識からすれば、酸素は生物にとってベビーフェイス（善玉）というべき存在です。しかし、一転して、酸素がまぎれもないヒール（悪玉）に豹変《ひょうへん》することがあります。毒といっても差し支えないでしょう。それは、酸素が化学的に非常に「反応性が高い」からです。

酸素にはどんなものにも反応しやすいという性質（酸化力）があります。この酸素の持つ酸化力は、たとえば、鉄が酸素と結びついて酸化鉄（さび）になることを想像するとわかりやすいでしょう。

近年、特に注目されているのは、「活性酸素」といわれる酸素から派生した反応性のひときわ高くなった酸素の一群です。時には、その反応性をもって、体内に侵入したウイルスなどを破壊してくれる場合もありますが、しかし一方で、自分自身の組織を傷つけてしまうこともあるのです。

活性酸素は、老化の原因の一つとして、さまざまな病気を引き起こすことがわかっています（※）。また活性酸素の除去は、美容の面からも注目されているようです。サビでボロボロになる鉄のように、お肌がやられてしまうのでは、たまったものではありません。

このように**高い酸化力を持った酸素は、生命誕生当時には、致命的な毒ガスでした。酸素の存在する環境では生きていけなかった生命の中から、やがて、酸素の持つ高い酸化力を逆手にとって、有効利用する術《すべ》を獲得するものが現れたのです。**

酸素を利用してエネルギーを生産するシステムを獲得した生物は、さらに進化をとげていきます。

※食生活の乱れ、ストレス、喫煙などにより体内の活性酸素と抗酸化物質のバランスがくずれると、病気を引き起こす原因となるともいわれている。

●活性酸素の働き

活性酸素は、酸素を吸えば必ずできるもの。体を守る働きも持っており、体に必要なものであるが、増えすぎると害になってしまう。

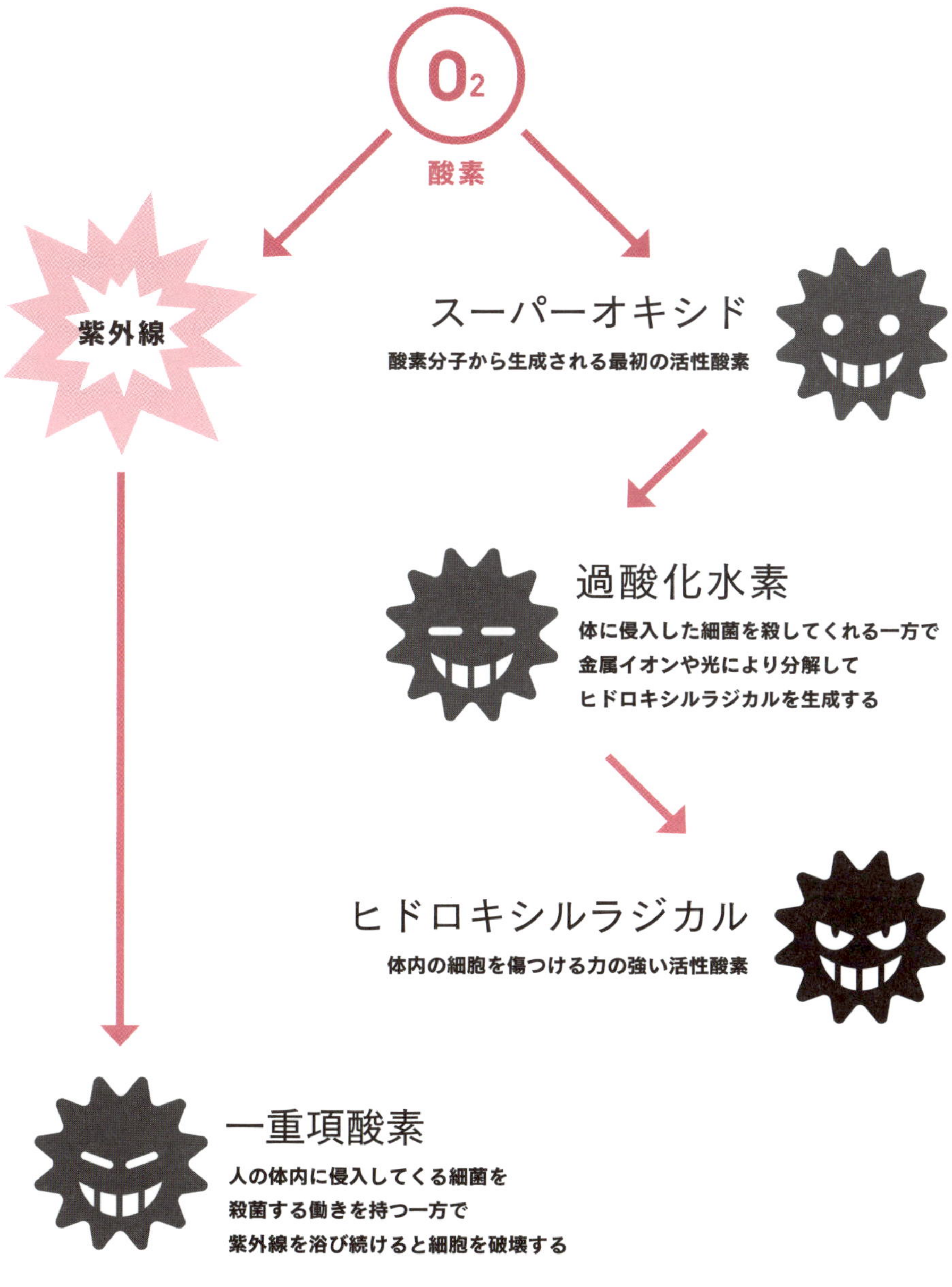
O2
酸素
紫外線
スーパーオキシド
酸素分子から生成される最初の活性酸素
過酸化水素
体に侵入した細菌を殺してくれる一方で
金属イオンや光により分解して
ヒドロキシルラジカルを生成する
ヒドロキシルラジカル
体内の細胞を傷つける力の強い活性酸素
一重項酸素
人の体内に侵入してくる細菌を
殺菌する働きを持つ一方で
紫外線を浴び続けると細胞を破壊する

オゾン層っていつどうしてできたの？

～酸素の発生と生物の進化～

地球上に生命が誕生したのは、およそ40億年前。最初の生物は、海水に豊富に含まれた有機物を栄養分としていました（P8参照）。生命誕生当初の海は有機物がいくらでもある楽園でしたが、やがて有機物は食べ尽くされて、飢餓《きが》状態になった生物のなかから、無機物から有機物を作り出すことができる生物が現れます。

27億年ほど前に出現したシアノバクテリアもその一種で、葉緑素（クロロフィル）を持ち、太陽の光を利用した光合成によって有機物を合成し、自らの生命活動のエネルギーを確保しました。その過程で放出された酸素が徐々に地球を覆っていきました。

光合成生物が増えれば増えるほど、放出された酸素も増えて、地球環境に激変をもたらしました。**約20億年前には、海中で飽和した酸素が大気中へと放出され、その放出された酸素が紫外線のエネルギーと結びついてオゾンが発生したのです。**

発生したオゾンが積もりに積もってできたのがオゾン層です。オゾン発生当初、オゾン層は成層圏〈※〉にあったわけではありません。酸素が少ない当時は、紫外線が地上近くまで到達できるため、オゾン層は地上付近にありました。

やがて、酸素濃度が上がると同時に紫外線の到達できる限界高度が上がり、これに伴ってオゾン層も上昇していき、約4億年前頃には、現在とかわらないオゾン層が成層圏に形成されたとされています。

オゾン層は、有害な紫外線から生命を守ってくれました。こうして生物が海中から陸地へと上がる準備が整っていったのです。

※中緯度で11kmから50kmに位置する。

●オゾン層の形成

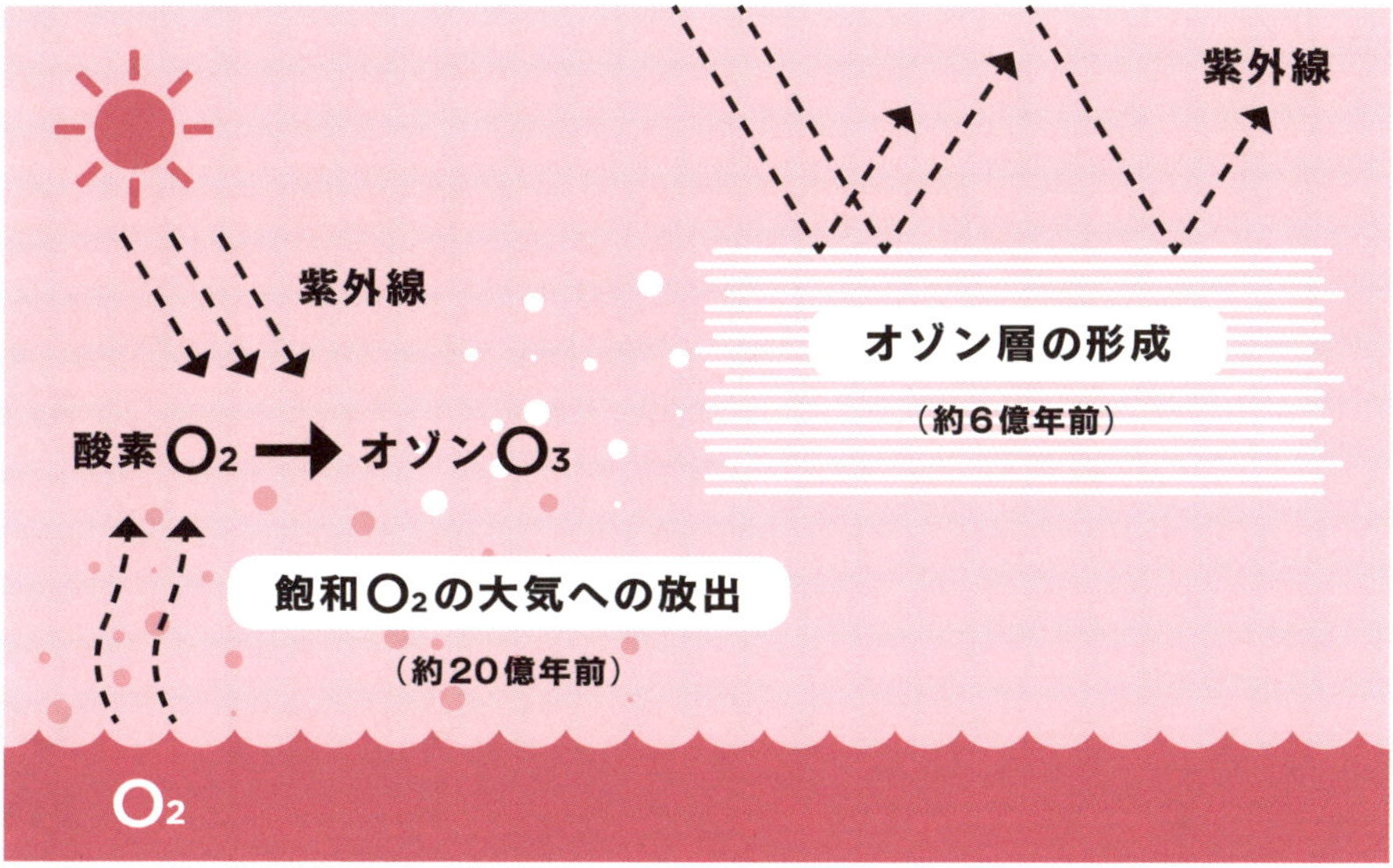

●地球大気の酸素濃度の変化

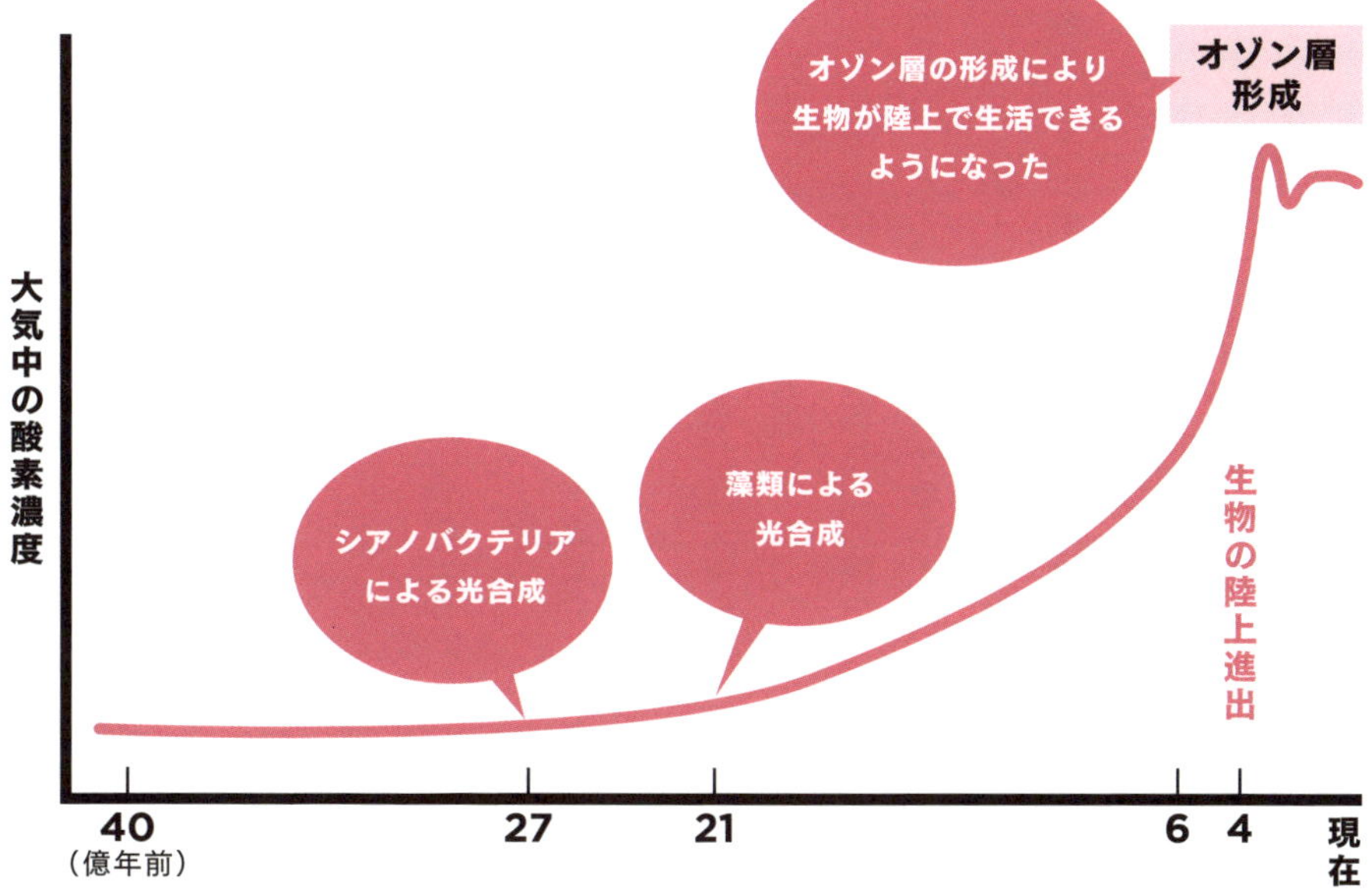

カンブリア爆発って何かが爆発したの？

～カンブリア紀の生物多様化～

カンブリア爆発とは、古生代カンブリア紀の5億4200万年前から5億3000万年前の間に、生物種が〝爆発的に増えた〟現象のことです。

なにしろ、爆発も爆発、それまで数十種しかなかった生物が、突如この時期に1万種にも増加したのはなぜ？　ということは、長年大きな謎でした。カンブリアの大爆発は、生物の進化は徐々に蓄積するというダーウィンの進化論をも覆《くつがえ》すような現象なのです。

カンブリア爆発の原因について、有力な学説はいくつかありますが、そのひとつに有眼生物の誕生があります。この時代、眼を持った生物・三葉虫《さんようちゅう》が生まれています。眼を持つことは、捕食という観点から非常に有利です。眼の優劣が生死を分けるような熾烈《しれつ》な生存競争のなかで、多種多様な眼が生まれ、結果、生物種が爆発的に増えたというわけです。

もうひとつ、スノーボールアース〈※〉とその終結との関連性が唱《とな》えられています。8億年から6億年前の間、地球は氷で覆《おお》われていました。10億年前に誕生した多細胞生物は、この氷河期を海底の熱源近くのごく限られた場所でようやく生き延びました。地理的な隔離は、ガラパゴス諸島を例に見るように生物の多様化を促進します。こうして多様化した生物の中には捕食のための原口《げんこう》を獲得したものが出てきて、生存競争が激化しました。さらに、スノーボールアース終結により地球が温暖化に向かうと、環境に適応するための進化も重なり、カンブリア爆発を引き起こしたというわけです。**カンブリア爆発によって、今日みられる動物の門《もん》**（生物の分類のカテゴリーのひとつ。P109参照）**が出揃ったといわれています。**

※地球全体が凍結した状態。このとき、生物は大量に絶滅したといわれている。過去に3度あったという説もある。

●生物の変遷

先カンブリア紀

46億年前　地球誕生

40億年前　生命の誕生

27億年前　光合成生物の出現

21億年前　真核生物の出現

10億年前　多細胞生物の出現

古生代

5.4億年前　カンブリア大爆発

4.5億年前　陸上生物の出現

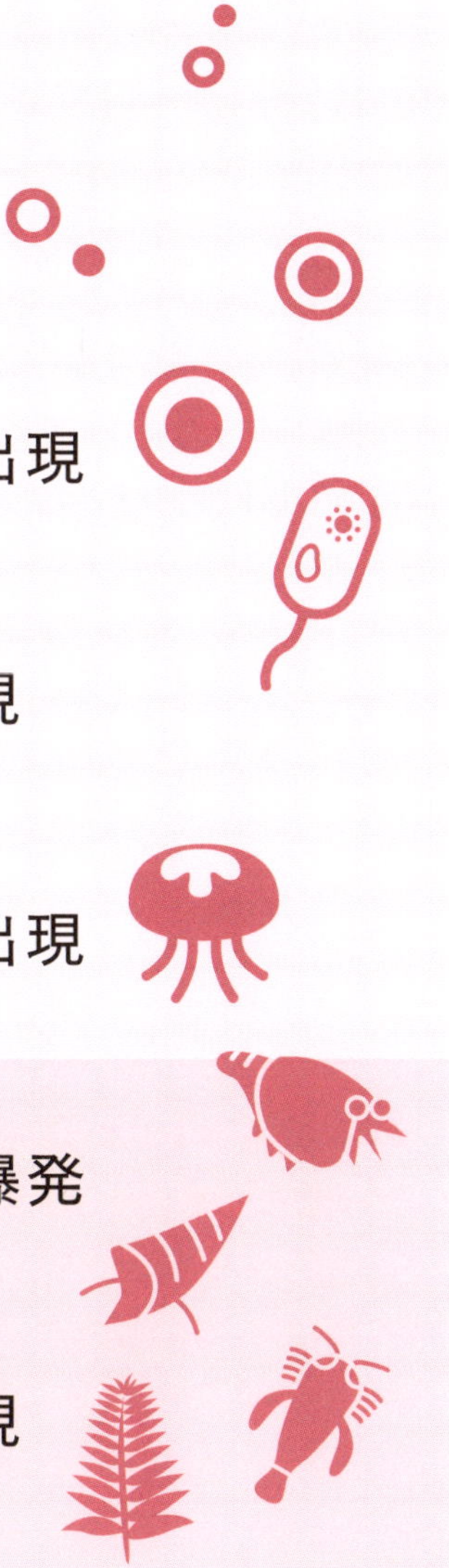

地球史上初の陸上生物って何？

～生物の陸上進出～

オゾン層による紫外線カットは生物の陸上進出を促しました。最初に陸に上がったのは、緑藻類から進化したコケ類、シダ類です。４億５０００万年前頃のことです。どちらも原始的な構造を現在に伝える植物で、種子ではなく胞子で繁殖します（P48参照）。

シダ類は陸上生活に適応するために、維管束《いかんそく》を作り上げました。維管束とは、水やミネラル、光合成によって作られた有機物を植物全体に輸送する、いわばパイプです。また、根・茎《くき》・葉という それぞれ役割の異なる器官も持ちました（P69参照）。これらの特徴はその後に現れる種子植物にも引き継がれていきます。

それまでの陸上は殺伐《さつばつ》として岩だらけの場所でしたが、シダ類の繁栄により、陸に緑がもたらされました。さらに、枯れた茎などのセルロース（多糖類）は、次の世代への養分となり、細菌類の繁殖にも寄与しました。

植物から少し遅れて、昆虫類も陸上に進出しました。４億年前頃のことです。昆虫は気門《きもん》（P50参照）という呼吸穴を体中にめぐらせているという特性から、陸上で酸素を取り入れることにいち早く対応できたのです。

脊椎《せきつい》動物の上陸は、淡水魚類に端を発します。河川は海中と比較して浅く、障害物も多くありました。場合によっては、泳ぐよりも這《は》ったほうが移動しやすかったため、ひれを足のように発達させる必要がありました。彼らは皮膚呼吸方法も陸での生活に適応させていきます。３億５０００万年前頃、こうした進化の過程を経て誕生した両生類は、陸へと進出していきました。

●生物の陸上への進出

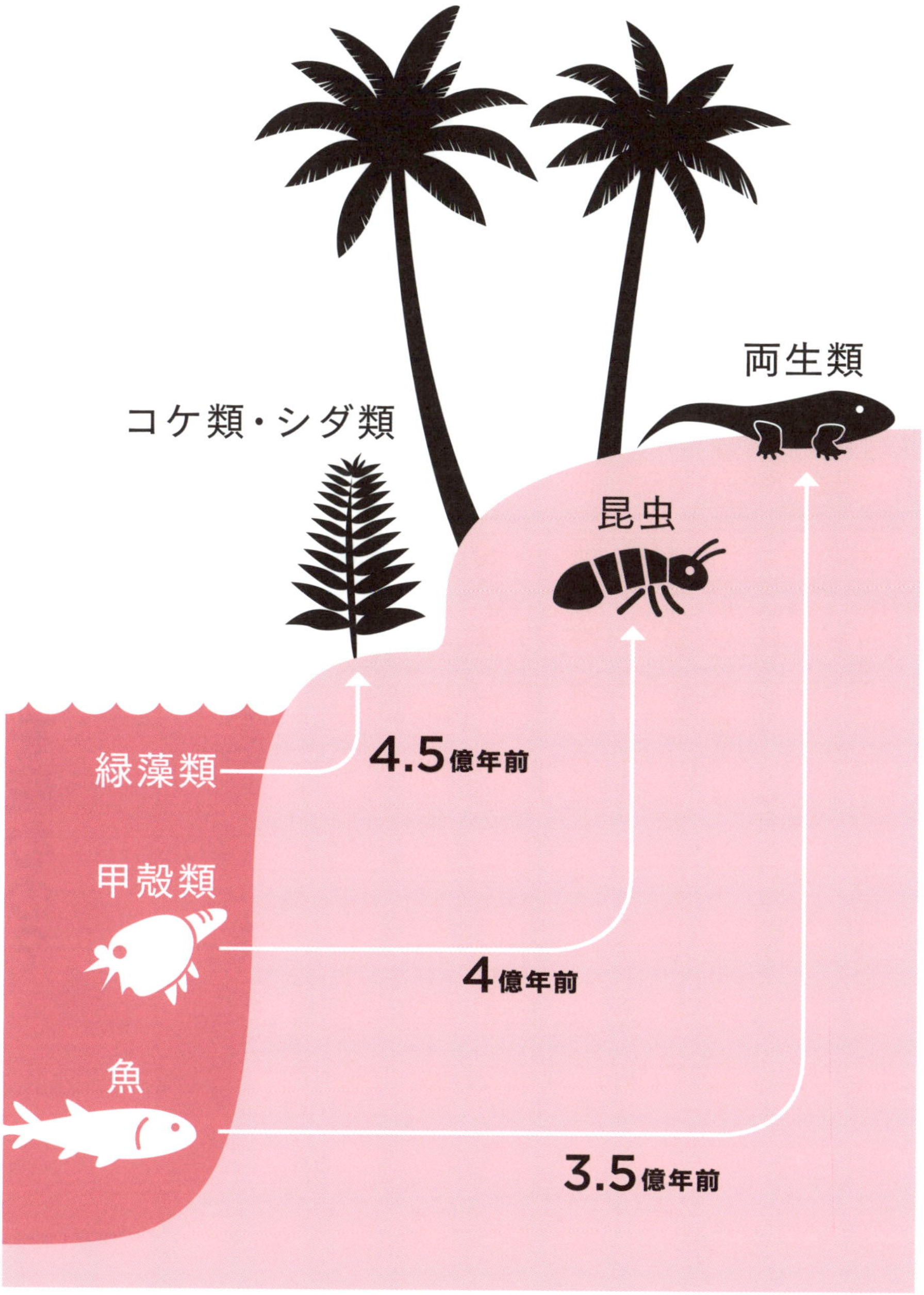

カモノハシは哺乳類なのになぜ卵を産むの？

〜両生類の進化と哺乳類の誕生〜

カモノハシという生物をご存知でしょうか。オーストラリアに棲息する哺乳類の一種です。このカモノハシがシーラカンスと並んで生きた化石と称されるのはなぜでしょう。

カモノハシは、哺乳類といわれるだけあって、母乳で仔《こ》を育てますが、乳首がありません。仔は母親のお腹から染み出てくる母乳を舐《な》めるのです。**卵を産む点も、哺乳類としては極めて異例です。カモノハシは、爬虫類らと共に両生類から分かれて、哺乳類が進化してきたことを体現しているといえます。**

3億5000万年前に魚類から両生類が誕生したのは前項で触れたとおりです。両生類は水辺から離れられないという弱点を持っていました。水辺から離れられれば、もっと自在に捕食活動もできるのに……そうして誕生したのが有羊膜類《ゆうようまくるい》です。

羊膜〈※〉の獲得によって、卵は殻に守られたので地上で育てることが可能になり、また成体に近い形にまで、殻の中で成長できたのが大きな利点でした。

有羊膜類は爬虫類へと進化する竜弓類と、単弓類へと進化し、単弓類の一部から哺乳類が出てきました。それが2億2500万年前頃です。その後、地球は恐竜全盛時代を迎えます。この頃、哺乳類の多くはネズミほどの大きさで捕食者である恐竜を避けるために夜間に活動していました。

哺乳類は進化を続け、現在のカンガルーが属する有袋類《ゆうたい》から、ヒトを含む哺乳類の大半が属する有胎盤類《ゆうたいばん》へと分岐します。そして約6600万年前の恐竜絶滅後、哺乳類が地上の主役に躍り出るのです。

※胎児と羊水と呼ばれる液体を包む膜。胎児を乾燥から守ってくれるため、水中で孵化（ふか）する必要がなくなった。

●哺乳類誕生への道のり

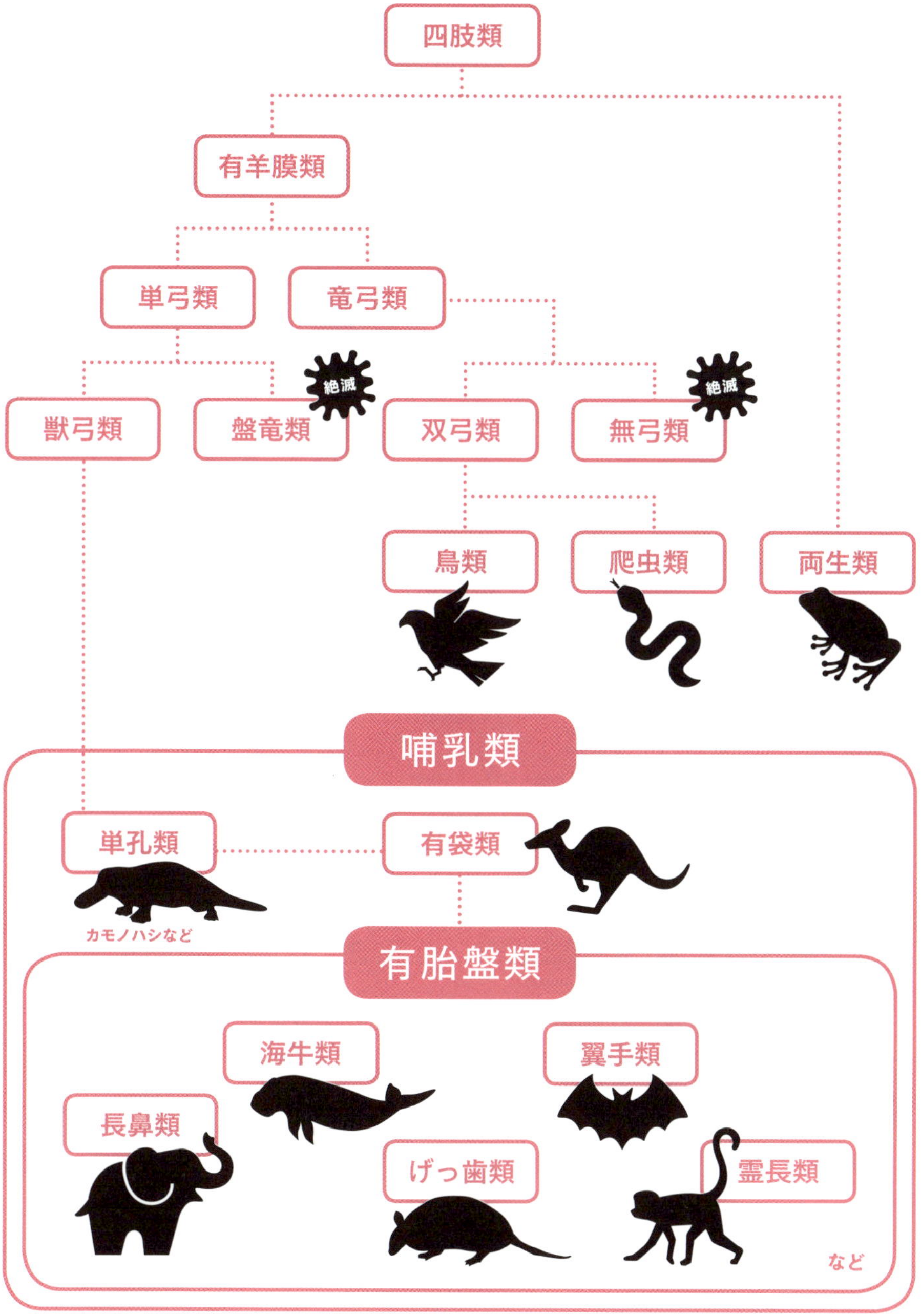
四肢類
有羊膜類
単弓類
竜弓類
獣弓類
盤竜類
絶滅
双弓類
無弓類
絶滅
鳥類
爬虫類
両生類
哺乳類
単孔類
カモノハシなど
有袋類
有胎盤類
海牛類
翼手類
長鼻類
げっ歯類
霊長類
など

ヘビはなぜ足を失っていったの？

～用不用説と自然選択説～

ヘビは1億年ほど前、トカゲの一部から分岐したとされています。いったいどのような経緯で脚を失ったのでしょうか？

18世紀頃から生物学者たちは生物の進化について喧々諤々《けんけんがくがく》の論議を重ねてきました。なかでも有力な説はラマルクの「用不用説」でした。**生物が生活環境に適応するために、よく使う器官は発達し、使わない器官が退化する、つまり生存中に生じた変化が子孫に伝わった**のではという考え方です。ヘビを例にとれば、トカゲの一部が森の落ち葉の下や、柔らかい砂の下で暮らすようになって、脚でかいて進むより、体をくねらせて進むほうが効率的で、そうして移動をするうちに脚が衰《おとろ》え、それが次世代に伝わったということになります。

しかし、よく考えてみれば、生涯の間に身につけたことが、子孫に伝わることは、遺伝学上あり得ません。筋力トレーニングにより筋肉ムキムキのお父さんから生まれた子供が、生まれたときから筋肉質ということはあり得ないのです。

用不用説にとってかわったのが、ダーウィンによって提唱された「自然選択説」です。**偶然の突然変異が、自然環境および生存競争などのフィルターを通して、進化に方向性を与えていく**という説です。

たとえば、獲物を狙って厳しい生存競争を繰り広げているトカゲのなかに、突然変異によって足を失ったトカゲが出てきたとします。足のないトカゲは足音を立てずに獲物に近づくことができる点で、ほかの個体よりも生存競争上有利になりました。まさにダーウィンの自然選択説に当てはまる例といえるでしょう。足のないトカゲは、こうしてヘビへと進化していくことになったのです。

●用不用説

キリンの祖先は、木の葉を食べるために首や足を伸ばしていたが、
そのうち木の葉に届くように首が伸びてきた。

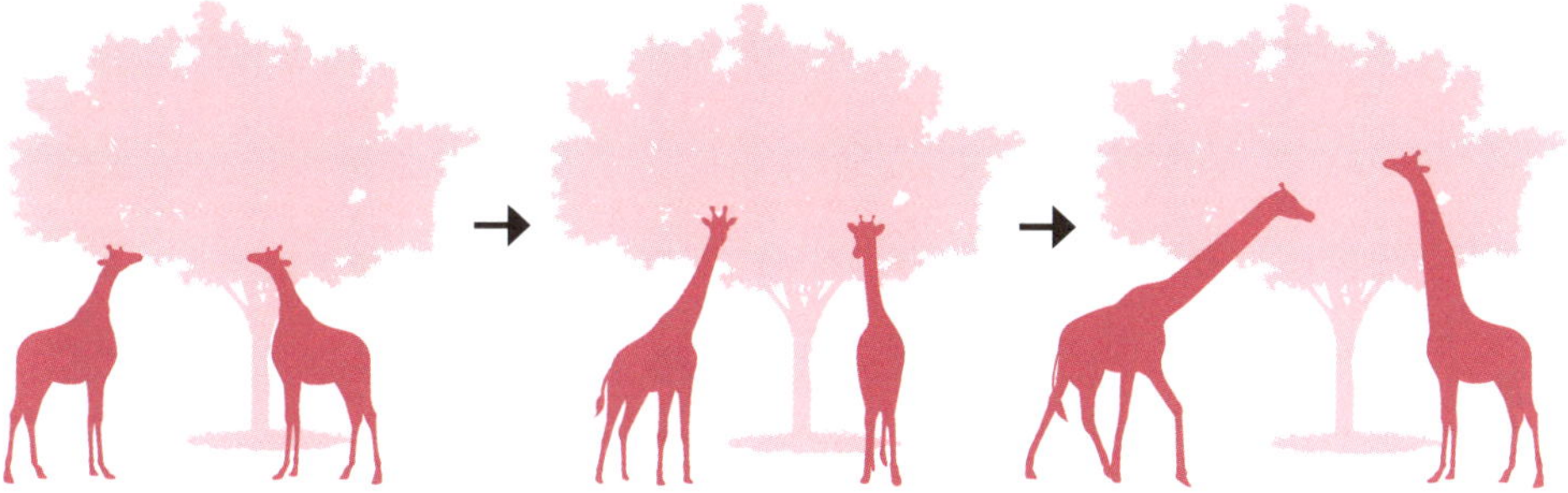

●自然選択説

キリンの祖先には、突然変異により首の長いものや短いものがいたが、
高いところの木の葉に届くものだけが生き残った。

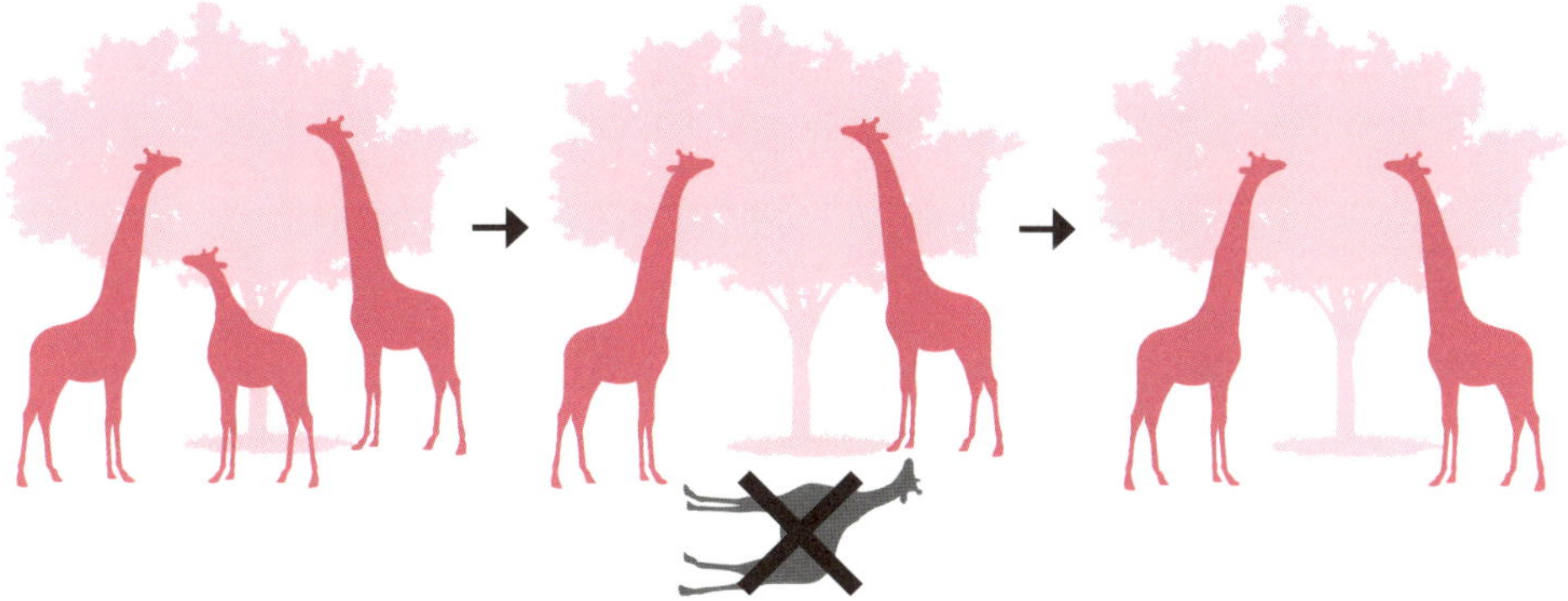

人間はなぜ体毛を失ったのか？

～人類の進化～

哺乳類を指す「けだもの」の語源は「毛のもの」。毛があることは哺乳類の大きな特徴です。**体毛の役割は、体温の保持と体表の保護にある**と考えられています。

しかし、なかには体毛を持たない種もあります。たとえばクジラなどの水生動物は水中での遊泳時の抵抗を少なくするために、また気温の高い地域に住む大型のサイやゾウなどは、体温が上がりすぎるリスクを回避するために、毛皮を持ちません。ヒトも体毛は多くありません。なぜヒトは体毛が少ないのでしょうか。

かつては、ダーウィンの提唱した性淘汰《とうた》説が有力視されていました。ヒトの体毛が退化したのは、異性の好みにあわせようとした結果というものです。体毛の薄い男女が繁殖をする確率が高くなり、体毛が薄い方向へと淘汰されていったというのです。

しかし、近年では、**二足歩行の獲得によるライフスタイルの激変によって、ヒトは体毛を失った**との説が有力です。ホモ属が出現する以前、ヒトの祖先となる猿人アウストラロピテクスは体毛をまとっていました。しかし、森から草原へと進出し、だんだんと移動距離が伸びていくと、体温を上昇させる体毛はかえって邪魔になり、大型化した脳も、体温の上昇を嫌いました。

こうしたことから、しだいにヒトは体毛を失い、ホモ属初期時代にはすでに体毛がなかったのではないかといわれます。体毛を失ったことによって、毛を逆立てて怒りを表現するようなことができなくなったことは、豊かな表情やジェスチャーによるコミュニケーションの発達にひと役買ったともいわれています。

●ヒトの進化

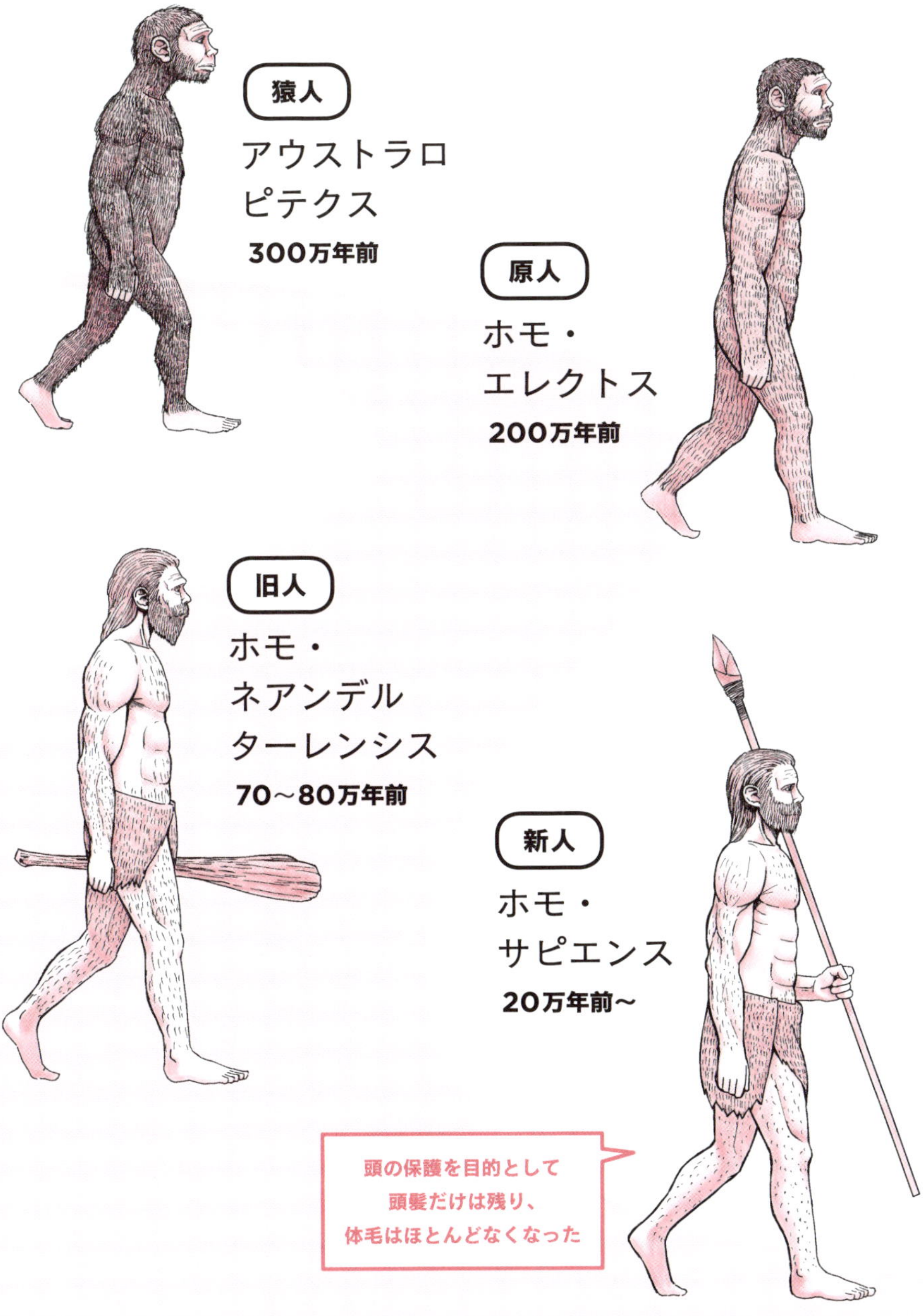
猿人
アウストラロ
ピテクス
300万年前
原人
ホモ・
エレクトス
200万年前
旧人
ホモ・
ネアンデル
ターレンシス
70～80万年前
新人
ホモ・
サピエンス
20万年前～
頭の保護を目的として
頭髪だけは残り、
体毛はほとんどなくなった

COLUMN 1

ペンギンが飛べなくなったのは進化なの？

～自然選択と生存競争～

陸上をヨチヨチ歩く姿は愛嬌《あいきょう》たっぷり。ペンギンはその愛くるしい姿から、動物園でも大人気の動物です。でも、ひとたび海中に入ると、陸上では考えられないくらいの俊敏さを発揮して獲物を捕らえます。海を「飛ぶ」と形容したくなるような動き。それは、彼らがかつて空を飛んでいたことをほうふつさせます。

ペンギンは紛《まぎ》れもない鳥類。竜骨突起《りゅうこつとっき》、尾椎骨《びついこつ》など飛翔の名残を体にとどめているため、かつては飛んでいたと考えられています。なぜ飛ぶことをやめてしまったのでしょうか。実はペンギンの進化の過程については、長年科学的に解明されていませんでした。近年ようやく、ペンギン同様、潜水能力に優れるハシブトウミガラスの行動調査・分析によって、ペンギンが飛べなくなった過程が判明しました。その研究によれば、ハシブトウミガラスの飛行時のエネルギー消費量は、鳥類の平均値と比較して格段に多かったのです。そこから得られる推論として、ペンギンも同様の状況下で体への負担が大きい飛行という手段を断念する方向に向かったと考えられます。

空を飛ぶことをあきらめたペンギンは、他の鳥類とは姿を変えていきます。体はだんだんと大きくなり、脂肪を蓄えるようになりました。羽は水かきに適した「フリッパー」に変わり、陸上では体を垂直にして立つようになりました。陸上の天敵が不在だったことも、そのような変化につながったと思われます。

2章

細胞の構造とはたらき

人間の体は何個の細胞でできてるの？

～多細胞生物の個体の成り立ち～

地球上に生命が誕生したのはおよそ40億年前のこと。互いに繋《つな》がるという性質をもとに複雑な分子が形成されていき、最初の生命体の誕生に至りました。

誕生した当初、生命はたったひとつの細胞（単細胞生物）でしたが、さらに細胞同士も繋がって、さまざまな機能を補完しあいました。こうして多細胞生物が出現したのです。

細胞は英語ではｃｅｌｌと呼ばれます。表計算ソフト・エクセルの「セル」と語源は同じで、ギリシャ語で「小さな部屋」という意味です。その名の示すとおり、細胞膜に覆われた小さな部屋の中に、遺伝情報を格納している核《かく》、エネルギー生産工場であるミトコンドリア、タンパク質の製造工場であるリボソームなどの細胞小器官が収まっています（P29参照）。**生命活動を支える最小単位が細胞なのです。**

一方、「多細胞生物」とは、複数の細胞からなる生物のことです。生物は、いったいいくつの細胞から成り立っているのでしょう。

ヒトを例にあげてみましょう。**人体1キログラムあたりの平均細胞数は1兆個。つまり体重が60キログラムならば約60兆個の細胞を持つことになります**〈※1〉。これら細胞は、それぞれに与えられた役割を日々モーレツにこなしてくれています。

そして、細胞によって周期は異なりますが、1日から数か月程度で死を迎え〈※2〉、新たに生まれた細胞がその仕事を引き継ぐのです。細胞の入れ替わりは、1分間に数億個にもなります。私たちの日々の活動はこうした細胞の献身に支えられているのです。

※1 数学的アプローチにより 37 兆個という説もある。

※2 骨細胞の寿命は数十年。

● ヒトの体の成り立ち

細胞

200~250種類
約60兆個

↓

組織

細胞の集合体

↓

器官

組織の集合体

↓

個体

器官の集合体

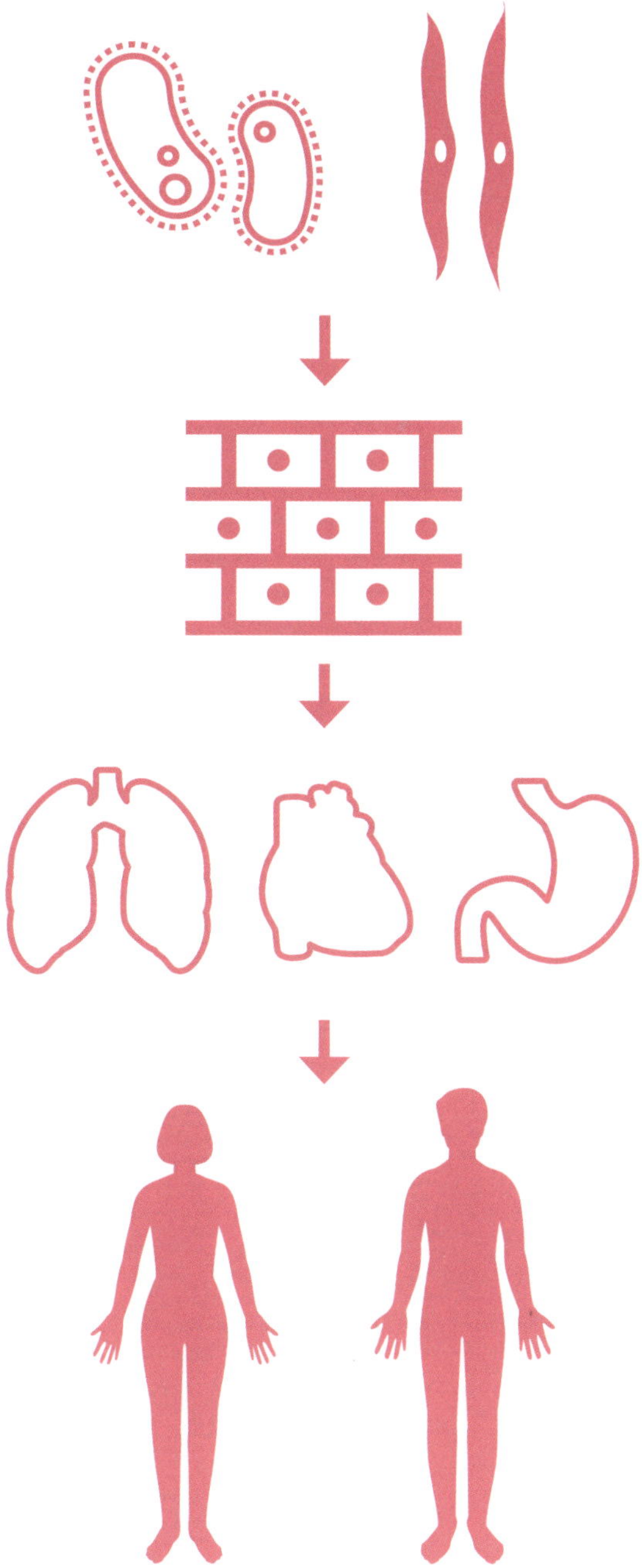

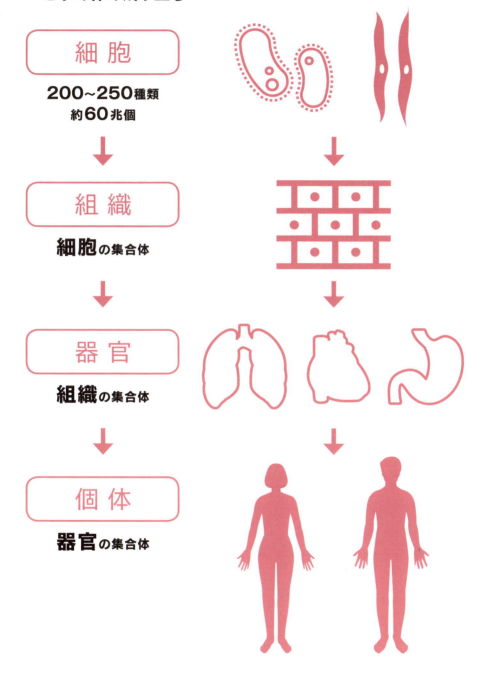

ゾウもアリも細胞の大きさは同じ？

～個体の大きさと細胞の大きさ～

ゾウはあれだけ体が大きいのだから、ひとつひとつの細胞が巨大なのではないかとも思えますが、実は細胞の大きさは、種によることなくほとんど同じで、1ミリの1000分の1の単位であるマイクロメートルで表される単位に収束されます〈※〉。つまり**ゾウもアリも基本的な細胞の大きさにほとんど変わりはないのです。**ただし、細胞数は大きく異なります。生物の細胞数の目安は1キログラムあたり1兆個ですから、その差は歴然としています。

なぜ細胞は生物の種類、体の大きさによって巨大化しないのでしょうか。その理由としては、以下のふたつの点をあげることができます。

ひとつめが、物質輸送による制約です。**細胞は遺伝情報に従って、タンパク質を常に合成しています。そして生命活動を支えるために、細胞内ではタンパク質の絶え間ない輸送が行われます。**細胞のサイズが大きければ、それらが隅々まで迅速に行き渡らない可能性が出てきます。また生命活動の結果生じる不要な物質の排出を効率よく行う際にも、細胞が大きすぎるのは不都合です。

もうひとつが、強度確保による制約です。同じ材質でできたものは、大きくなるほど強度に難が生じるようになります。たとえば水の入った風船を想像してみてください。小さいものは揺れなどの衝撃を受けてもさほど影響を受けませんが、大きいものは内部の水の動きが激しくなる分、影響も大きくなります。つまり、大きくなればなるほど壊れやすくなるということです。そうしたリスクを避けるために、細胞は大きくなれずにいるのです。

※大半の単細胞生物も同様のサイズ。

● 動物細胞のつくり

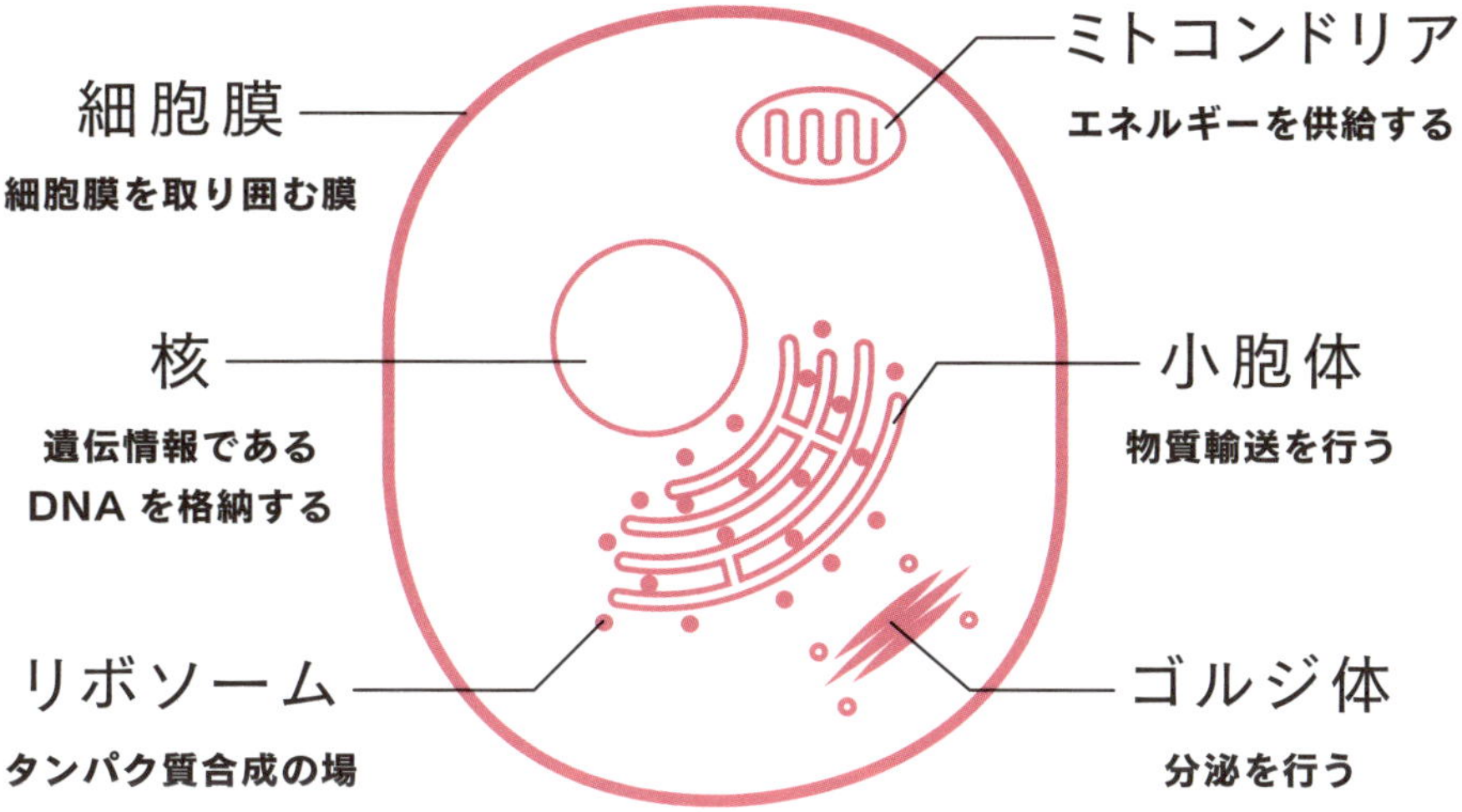

● 個体の細胞数

体重５トンのゾウの細胞数は約５千兆個、
体重10ミリグラムのアリの細胞数は約1000万個。

肉眼で見える細胞ってあるの？

～細胞の大きさ～

細胞が初めて発見されたのは１６６５年のこと。ロバート・フックが自作の顕微鏡でコルクを観察しているときに見つけ、セルと命名しました。

19世紀になると顕微鏡はより高性能になり、細胞観察も進みました。生物が細胞で構成され、細胞増殖で成長することはこの頃明らかにされました。

20世紀になると電子顕微鏡の登場とともに細胞の観察・研究はいっそう進み、生物学や医学などの発展に大きく寄与することになります。

そうした経緯を振り返れば、細胞の研究は顕微鏡の発達とともに発展してきたといえます。**ヒトの細胞を例にとれば、平均的な大きさは15マイクロメートル**（※）**ですから、肉眼では識別不能。**顕微鏡なくして観察はできなかったのです。

細胞とは顕微鏡を使わないと観察できない小さなもの――これは事実ではありますが、一部当てはまらない細胞もあることは日頃あまり意識されていません。

たとえば、**皆さんが朝食に食べる鶏卵《けいらん》。その黄《き》身《み》は3センチメートルほどありますが、ひとつの卵細胞です。**ダチョウの卵の黄身ともなればさらに大きく直径7センチメートルにもなります。生物の卵細胞は鳥類に限らず、ほかの細胞に比べて大きく、肉眼で確認できるものも少なくありません。**ヒトの卵子も例外ではなく、0・14ミリほどの大きさなので識別可能です。**

また単細胞生物のなかにも肉眼で見える大きなものが存在します。海藻に属するオオバロニアは3センチメートルほど、深海に生息する原生動物クセノフィオフォラは大きいもので直径20センチメートルもの大きさになります。

※ 1マイクロメートル（μm）は0.001ミリメートル。15マイクロメートルは0.015ミリメートル。

●いろいろな細胞の大きさ ※図は実際の大きさではなくイメージです

頭を打って記憶喪失なんてこと本当にあるの？

～脳の神経細胞と記憶の仕組み～

電柱に頭をゴンッとぶつけて、その拍子にすべての記憶が飛んでしまった!! マンガやドラマなどでたびたび見かける設定です。こんなこと、本当に起こるのでしょうか。

脳の神経細胞は情報処理と情報伝達に特化した細胞で、神経系の最小単位です。その構造は独特で、細胞核を有する細胞体、細胞体から長く伸びた軸索《じくさく》、そして軸索以外の短い突起である樹状突起《じゅじょうとっき》などからなります。

情報伝達の仕組みを簡単に説明しましょう。神経細胞が刺激を感じると活動電位が発生し、それを信号として細胞間で情報を伝達します。ただし、神経回路は電気回路とは異なり、軸索の末端と、信号の受け手の細胞との間にシナプスというわずかな隙間があいているので、その隙間に電気を通すことはできません。生物はこのシナプス間で化学物質による信号の伝達を行うのです。このように脳では、神経細胞と神経細胞が複雑に結びついたネットワークが作られます。記憶が形成されるということは、つまり、シナプスでの情報の伝わりやすさが変化をするということです〈※〉。

記憶には、長期記憶と短期記憶の2種類があって、たとえば、テスト前夜の一夜漬けの暗記が短期記憶にあたります。**短期記憶は長くても数日しか保持されません。忘れなかった記憶がやがて長期記憶に差し替えられ、記憶として定着します。この記憶の差し替えには大脳の海馬《かいば》と呼ばれる部分が関与していることがわかっています。**

記憶喪失は、物理的あるいは心的要因で、海馬がダメージを受けることで発生します。頭を強打して、記憶喪失……そこまでの強打では、生命自体が危険にさらされていることが想像できます。

※脳内でやりとりされる情報が多いほど、シナプスも多くなる。ヒトの一生で脳のシナプスの密度が一番高いのは、生後半年から１年といわれている。

●神経細胞の構造

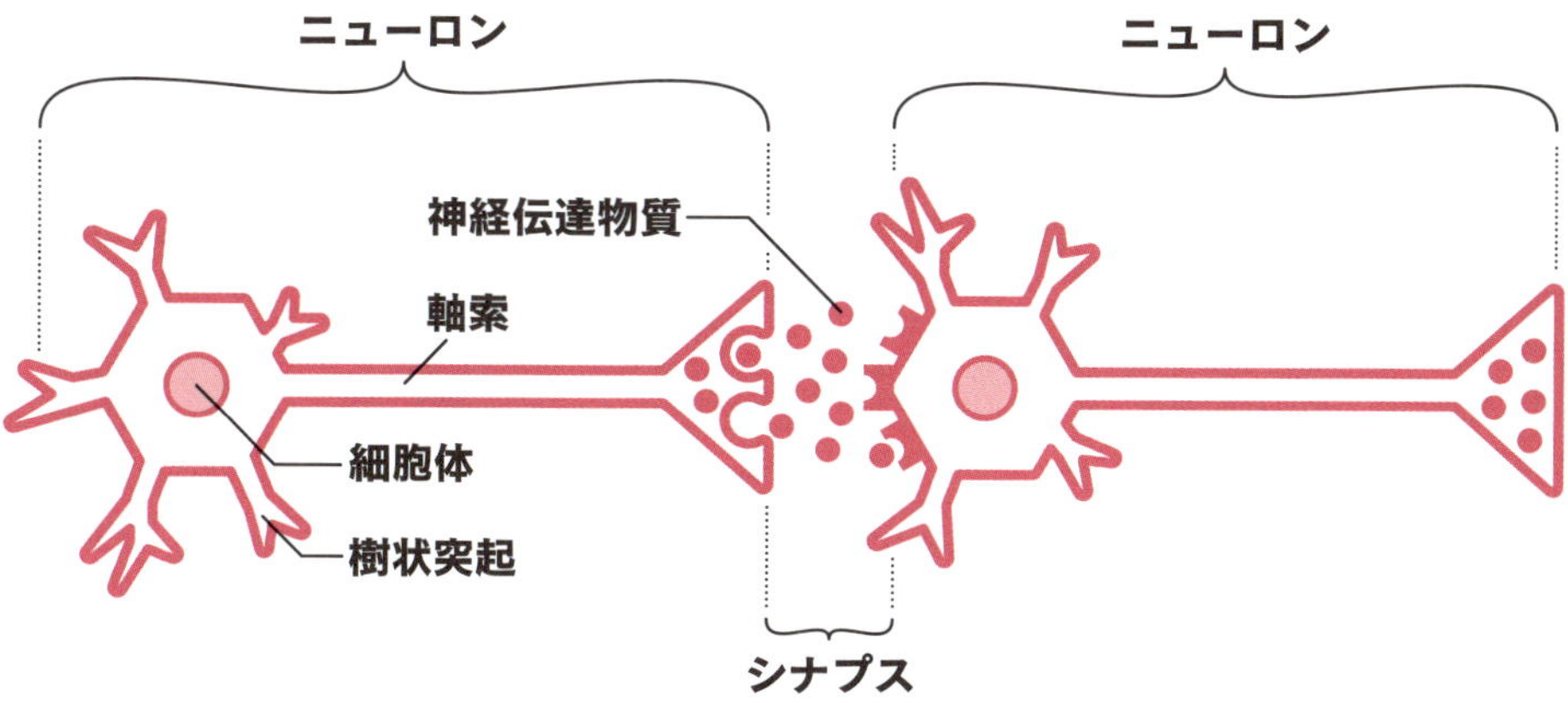

神経細胞は、細胞体と軸索と樹状突起で一つの単位として考え、ニューロンと呼ばれる。ニューロン同士の接合部がシナプス。シナプスでは、伝わってきた電気信号を化学物質の信号に変えて、次の神経細胞に情報を伝達している。

●海馬と大脳皮質

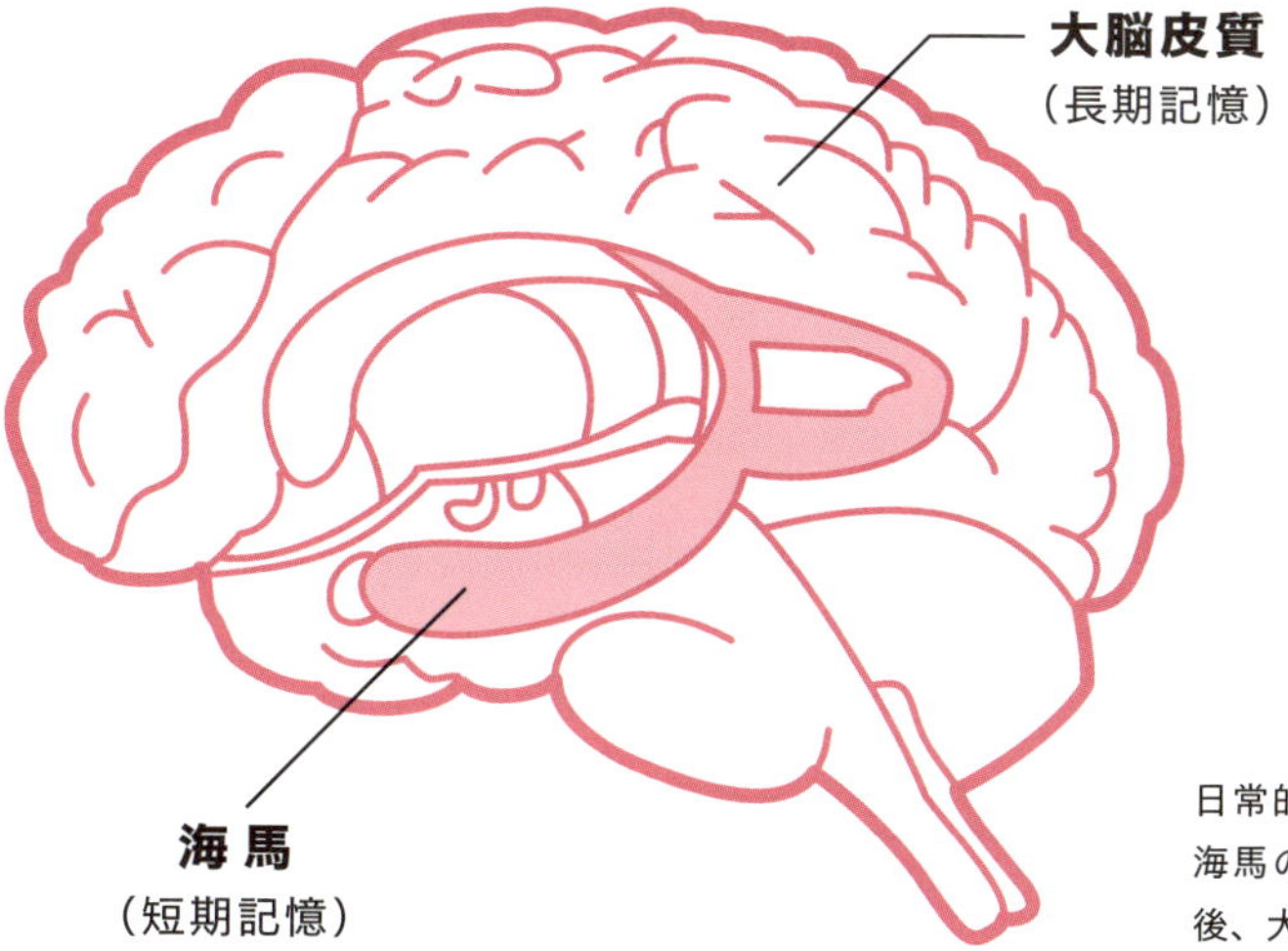

日常的な出来事や覚えた情報は海馬の中で整理整頓され、その後、大脳皮質に保管される。

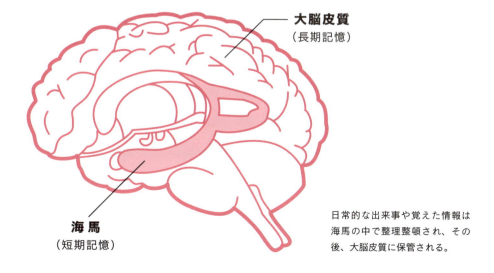

〃万能細胞〃といわれるES細胞って何？

〜自己複製能と多分化能〜

生命科学は近年目覚ましい発展を遂げています。その目指すところは医療への寄与でしょう。たとえば一度壊れると再生しない神経系の細胞を人工的に回復させることができたとしたら……。そうした再生医療に関係して注目を集めているのが幹細胞です。

幹細胞は、分裂して自分の完全なるコピーを作れる自己複製能と、またいかなる細胞へも分化できる可能性を持つ多分化能をあわせ持ちます。

幹細胞で一般にも広く知られているのは胚《はい》性幹細胞です。英語の頭文字からES細胞と呼ばれます。ES細胞は、受胎直後の胚の、身体のもとになる部分の一部（内部細胞塊）を取り出して作られ、無限に増殖することができます。さらに多様な細胞に分化する能力を持っているので、培養液の組成を変えることで、神経細胞、心臓や筋肉の骨格筋、血管や血液細胞をはじめ、皮膚の細胞までも作ることができます。

これが、いわゆる万能細胞といわれるゆえんで、医療分野での応用が期待され、実際活用もされています。

ただし、**ES細胞の活用は倫理的な問題を内包します。受精卵から胚を取り出す必要があるからです。**

これは生命の萌芽《ほうが》を摘み取ってしまうことを意味します。先進国においても、ヒトのES細胞作成に厳しい制限を設けている国は少なくありません。日本も例外ではなく、不妊治療で凍結保存された胚のうち、母体に戻されず廃棄が決定した余剰胚に限ってヒトES細胞の作成が認められています。〈※〉

※文部科学省および厚生労働省により『ヒトES細胞の樹立に関する指針』が定められている。

● ES細胞の活用

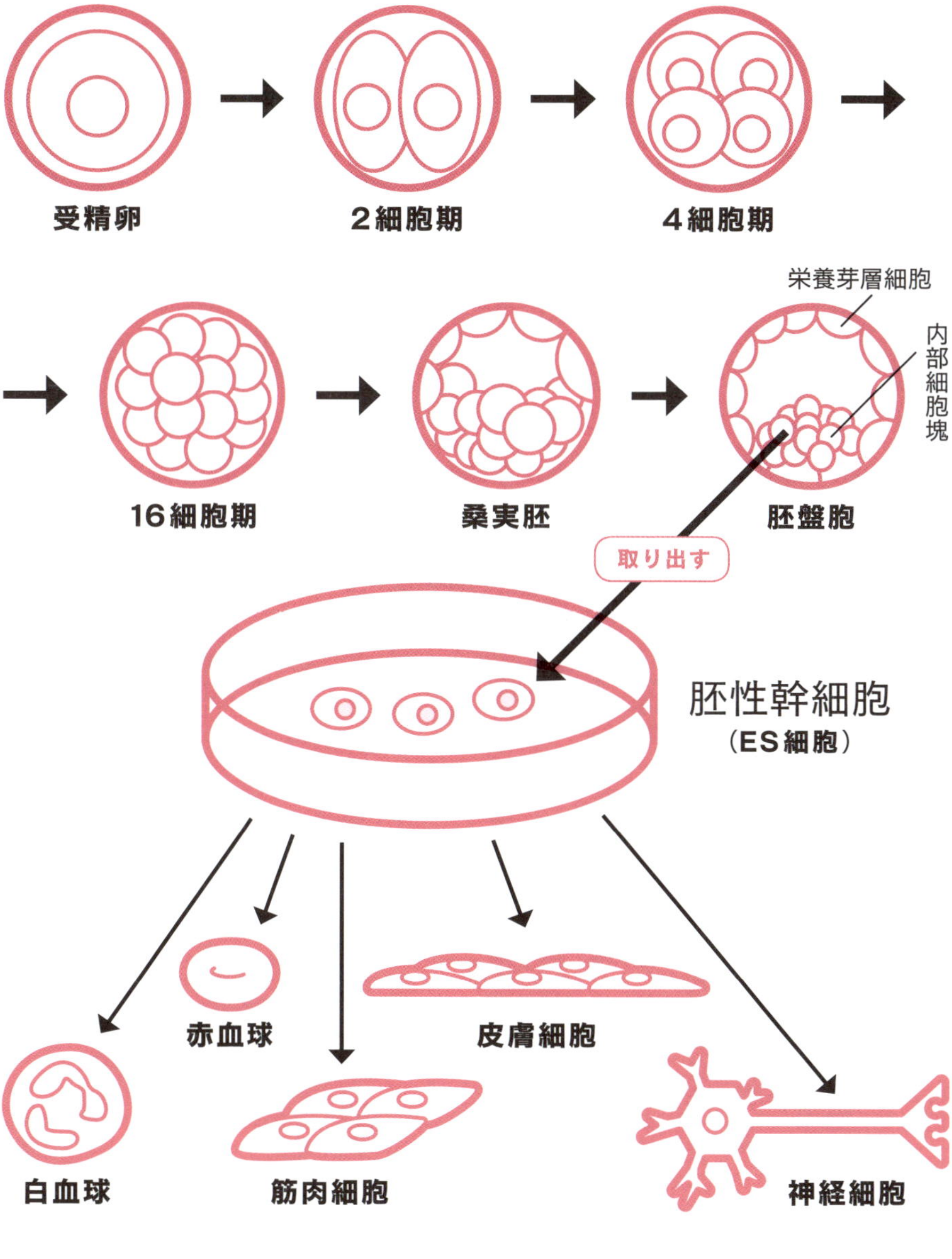

たったひとつの受精卵から卵割を繰り返し初期胚になると、将来の身体のもとになる内部細胞塊と将来胎盤になる栄養芽層細胞に分かれる。内部細胞塊から取り出した細胞が、ES細胞。

iPS細胞は薄毛に悩む人の救世主になる?

～新規医療技術開発～

ヒトがこの世に生を受けたときには、ひとつの受精卵でしかありません。それが分裂を繰り返して、さまざまな細胞になり、ヒトを形成するようになります。もし受精卵と同じく万能性を持った細胞があれば、医療、特に再生医療を飛躍的に進歩させるに違いない――研究者たちはそう考えました。そして前述のES細胞が生まれます。しかし、受精卵から胚を取り出すという倫理的な問題が、ES細胞を使った研究の障壁となったことは事実です。

一方、**iPS細胞**〈※1〉**は、生体の皮膚や血液などから採取した細胞をもとに作られた万能細胞です。**1度は分化して万能性を失った細胞に山中4因子〈※2〉を入れるだけで細胞がリセットされ、また万能性を持つようになることがわかりました。これを機に、再生医療研究および創薬研究が一気に進むことになります。

iPS細胞による再生医療は、すでに臨床段階にあります。2014年には加齢黄斑変性という目の病気の患者に対して、本人の皮膚由来のiPS細胞から網膜を作り、それを移植するという手術が行われました。

脊髄《せきずい》損傷患者に対するiPS細胞の臨床研究のほか、視神経、神経細胞などの作製も始まっています。さらには臓器作製研究も進んでいます。

さて、「薄毛」についても触れておきましょう。薄毛の原因は頭髪を作り出す細胞の死滅にあります。となれば、iPS細胞をその細胞に分化させ頭皮に埋め込めば再び髪の毛は生えてくる……!?期待は膨らみますが、加齢黄斑変性の手術の際、細胞の作製だけで5000万円かかったそうです……。

※1 2006年山中伸弥教授率いる京都大学の研究チームが世界で初めて作製に成功した人工多能性幹細胞。

※2 細胞の初期化にかかわる因子。Oct3/4、Sox2、Klf4、c-mycの4つ。

● iPS細胞の活用

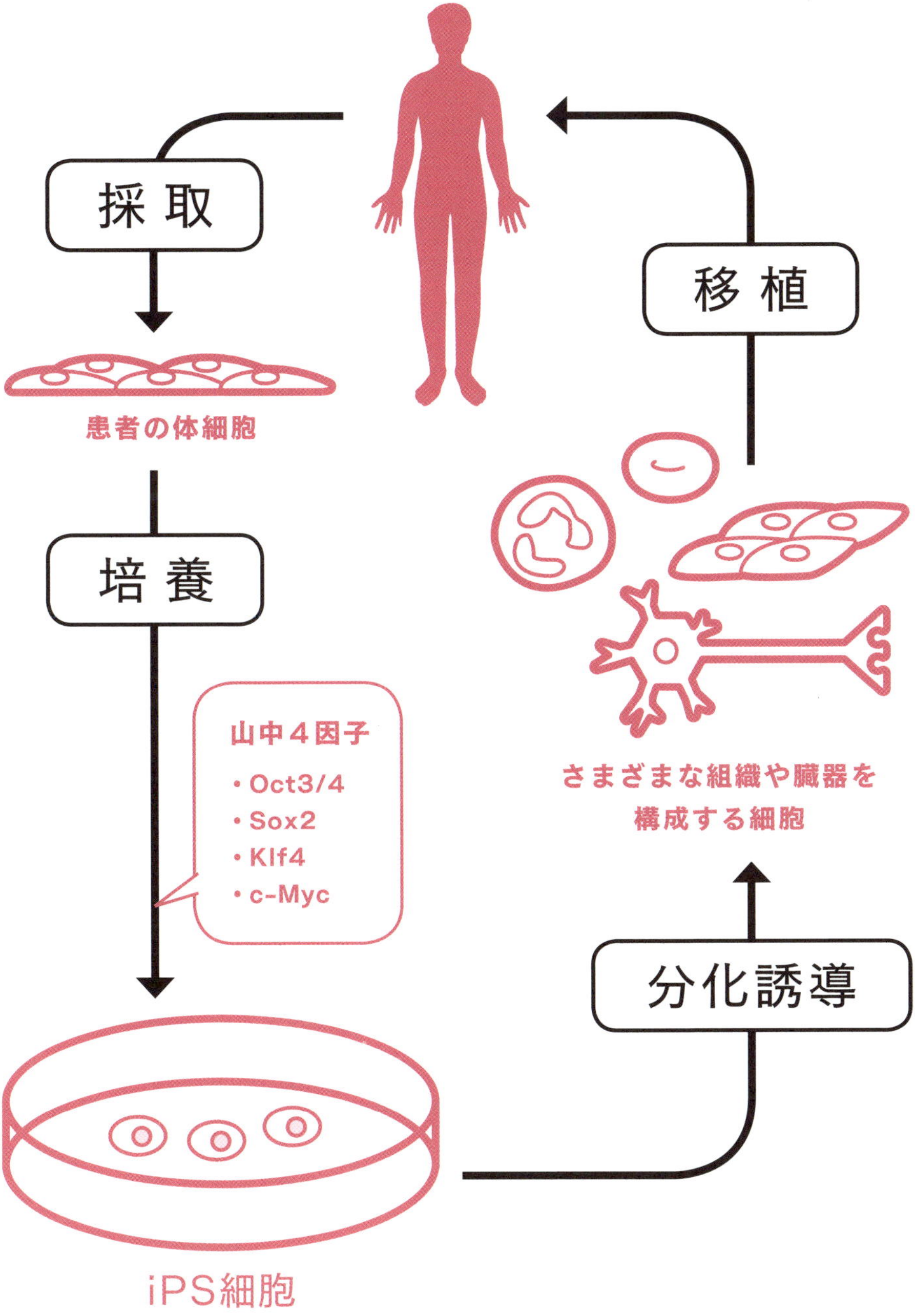
採取
患者の体細胞
培養
山中４因子
・Oct3/4
・Sox2
・Klf4
・c-Myc
iPS細胞
分化誘導
さまざまな組織や臓器を
構成する細胞
移植

笑うと増える細胞があるって本当？

～免疫にかかわる細胞～

「笑う門には福来《きた》る」と言いますが、笑いは福だけでなく健康も引き連れてきてくれることが、種々の研究から明らかになっています。特に注目されているのが免疫力との関係です。

１９８０年代の研究では、**笑うことによってリンパ球のひとつであるNK細胞の活性化がみられる**と報告されました。その研究内容を受けて、被験者にお笑いライブを見せてNK細胞の数の増加を調べる実験も実施されました〈※〉。

NK細胞のNKは、ナチュラルキラーの略で、**私たちの体に自然に備わっている免疫機能です。**訳し方によっては「生まれながらにして殺し屋」と受け取ることもできます。物騒な名前ではありますが、彼らが殺すのはがん細胞やウィルスに感染した細胞。頼りになる警備員なのです。

抗原提示細胞は、体内の見回り役。異物（抗原）を見つけると細胞内に取り込み、ヘルパーT細胞にその情報を伝えます。情報を受けたヘルパーT細胞は、キラーT細胞へ攻撃の指令を出します。その攻撃力はすさまじく、がん細胞を殺す威力さえあります。またヘルパーT細胞はB細胞に指令を出し、B細胞は敵捕獲に向けて抗体を作ります。抗体が異物を攻撃するのです。二度目に異物が入ってきたときには抗体を一気に作ることができ、撃退することが可能です。一度かかると二度目はかからない病気があるのはこのためです。予防接種はこのシステムを利用して、ウィルスの毒性を弱めたもの（ワクチン）をあらかじめ体内に入れ、抗体を作っておくというものです。

NK細胞はそうした連携には加わらない、いわばフリーランスの存在です。彼らに活躍してもらうためにも、笑いのある生活を心がけましょう。

※この実験では、19人中14人のNK細胞数が増加した。

●身体の免疫反応

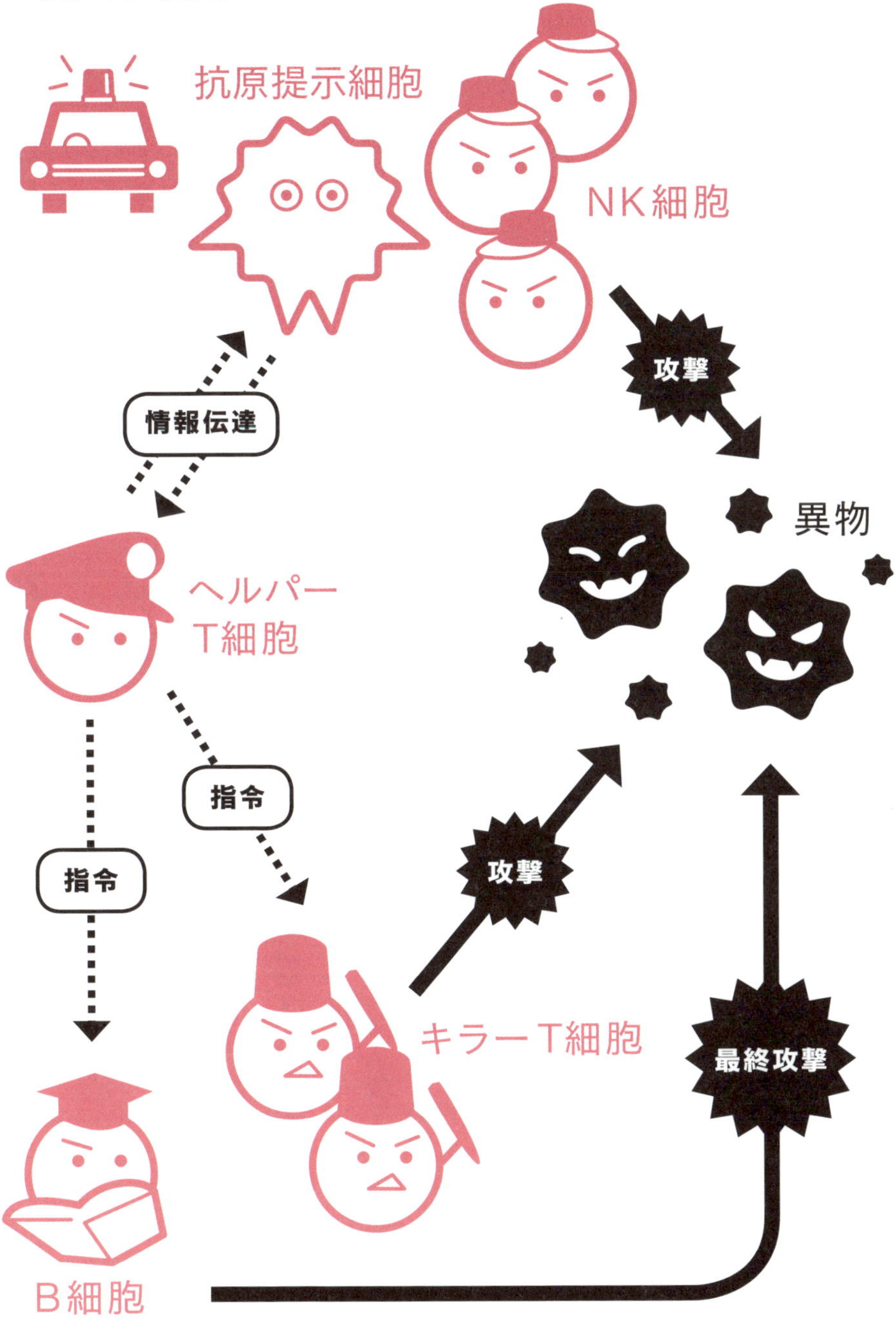
抗原提示細胞
NK細胞
攻撃
情報伝達
異物
ヘルパー
T細胞
指令
指令
攻撃
キラーT細胞
最終攻撃
B細胞

体の中には自殺する細胞がある!?

～アポトーシスとネクローシス～

カエルの幼生おたまじゃくしは体の半分ほどを占める立派なしっぽが印象的です。カエルに変態すると、そのしっぽは消失してしまいます。このとき、しっぽでは、細胞にあらかじめプログラムされていた細胞死・アポトーシス〈※〉が起こっています。

アポトーシスとは、細胞が自ら死を選ぶ、いわば細胞の自殺です。カエルの変態のように、**あらかじめ決まった時期に決まった場所で自殺が起こるよう、遺伝子上に厳密にプログラムされています。**つまり衝動的な死ではなく、決意の自決というわけです。

また、**細胞に異常が生じた際に、細胞自ら死を選ぶ場合があります。**こちらは決まった条件下で起動するいわば「自爆装置」にたとえることができます。生体にとって有害な細胞を取り除くことが目的で細胞死が起こるのです。

アポトーシスのスイッチが入ると、まず、細胞内の核に大きな変化が起こります。核は凝縮し、DNAが断片化され、やがてアポトーシス小体というばらばらな状態になります。その後マクロファージなどの食細胞に小体が食べられることによって、細胞は完全に姿を消すのです。このとき、細胞の内容物が一切外に流出しない点が驚きです。

アポトーシスと対照的な細胞の死を、ネクローシスと呼びます。ネクローシスが起こると細胞が膨張して細胞膜が溶解し、内容物が漏れ出します。ネクローシスは、感染、物理的破壊、科学的損傷など、たとえば転んで擦り傷ができることによって細胞が死にいたるといった、いわば「事故死」。受動的な細胞死といえるでしょう。

※アポトーシスはギリシャ語で、枯葉が落ちることを意味している。

●アポトーシスとネクローシス

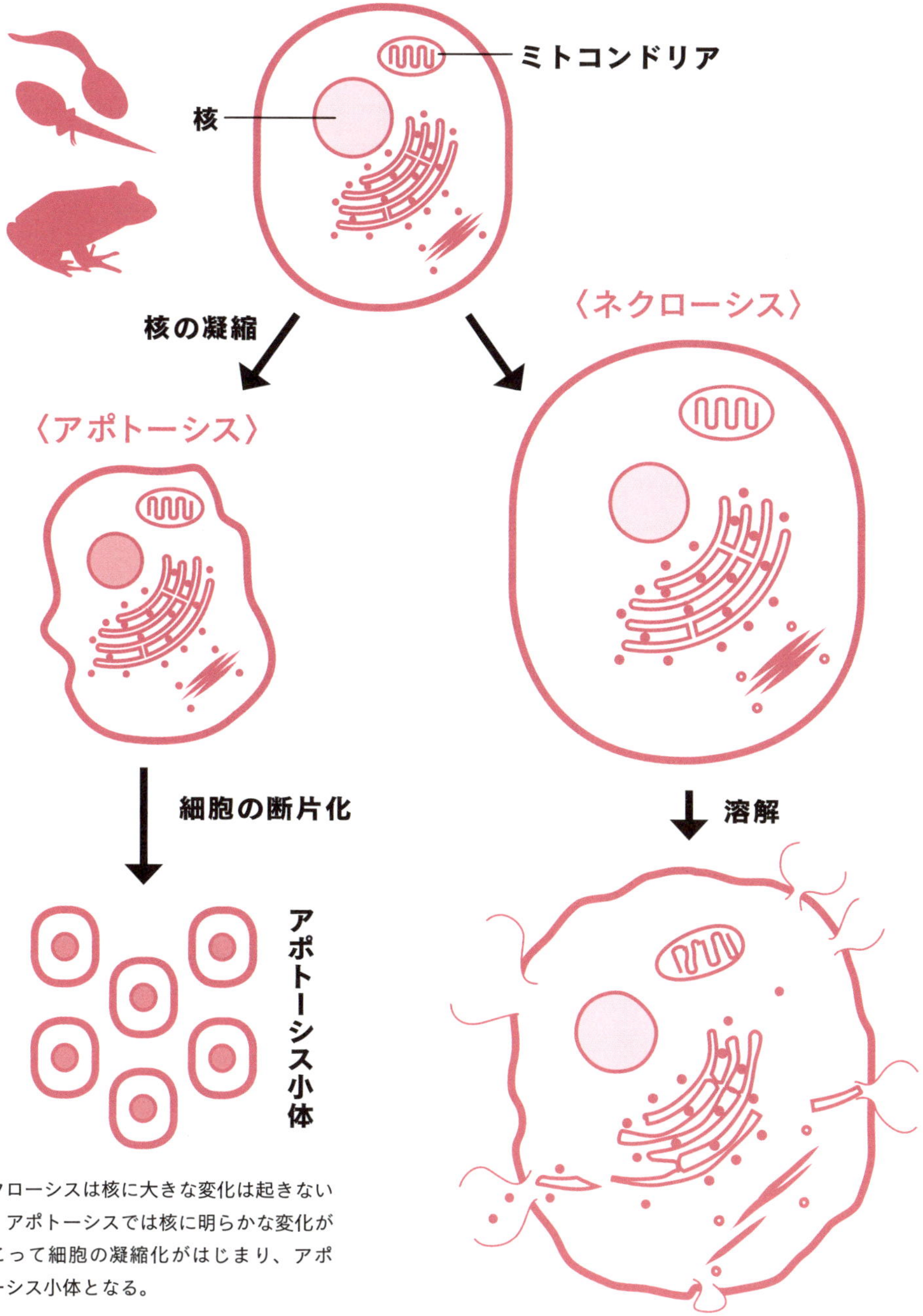

ネクローシスは核に大きな変化は起きないが、アポトーシスでは核に明らかな変化が起こって細胞の凝縮化がはじまり、アポトーシス小体となる。

ヒトは３００歳まで生きられる？

～細胞分裂の限界～

２０１６年における日本の平均寿命は、男性81歳、女性87歳。戦後まもない47年は男性50歳、女性54歳でしたから、70年ほどの間に男女とも30年以上も寿命を延ばしたことになります。このままのペースで行くと人間は何歳まで生きられるようになるのか、期待も膨《ふく》らむというものです。「限界などなくなって、３００歳でも生きられるようになる」そんな威勢のいい言葉を発する研究者もいますが、生物学的には１２０年くらいが限界との見方が主流です。

その根拠のひとつが**細胞の分裂限界です（ヘイフリック限界）。**動物は細胞分裂を繰り返していますが、一定回数を経るとその先、分裂できなくなってしまいます。**ヒトの場合、その限界は50回。寿命に換算すれば１２０年です。**実際、世界で最も長生きした人間の記録は１２２歳〈※〉。この限界と重なります。

しかし、限界を突破する可能性はゼロではありません。細胞分裂が限界を迎える仕組みが明らかになっているからです。細胞は分裂時に、細胞の染色体末端部テロメアを短くしていきます。**テロメアの短縮が限界を迎えたとき、細胞は死を迎える**と考えられています。

もしテロメアの短縮を防げたとすればどうでしょう。酵素のひとつテロメラーゼはテロメアを伸長させる力を持つことから、老化防止、ひいては寿命延長への期待を集めています。ただし、がん化とテロメラーゼの活性化の関連性が指摘されていることから、寿命延長への道は容易ではなさそうです。

※1997年に亡くなったフランス人女性の記録。

●寿命を決めるテロメア

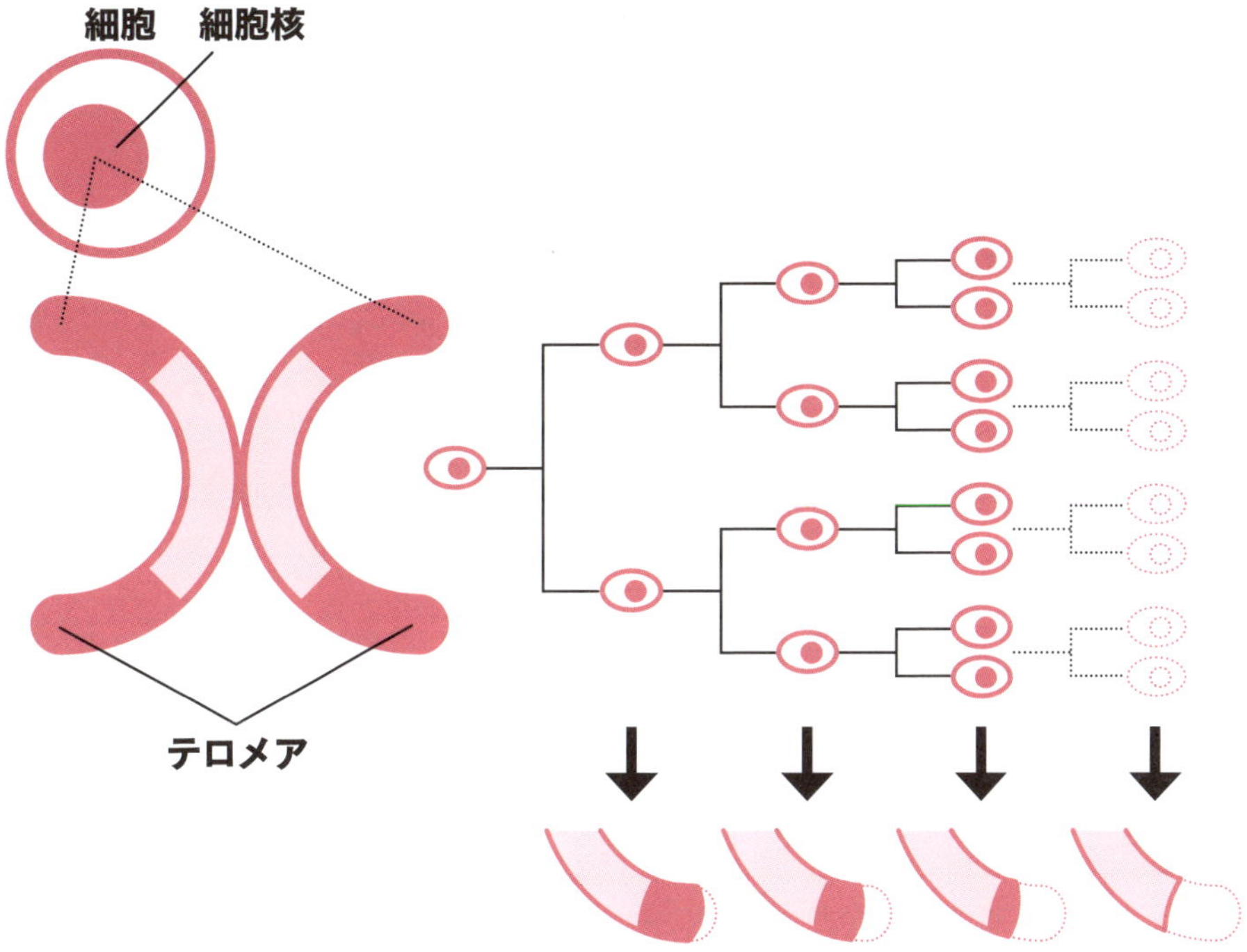

細胞が分裂するごとにテロメアは短くなり、
ついには細胞分裂が止まる。

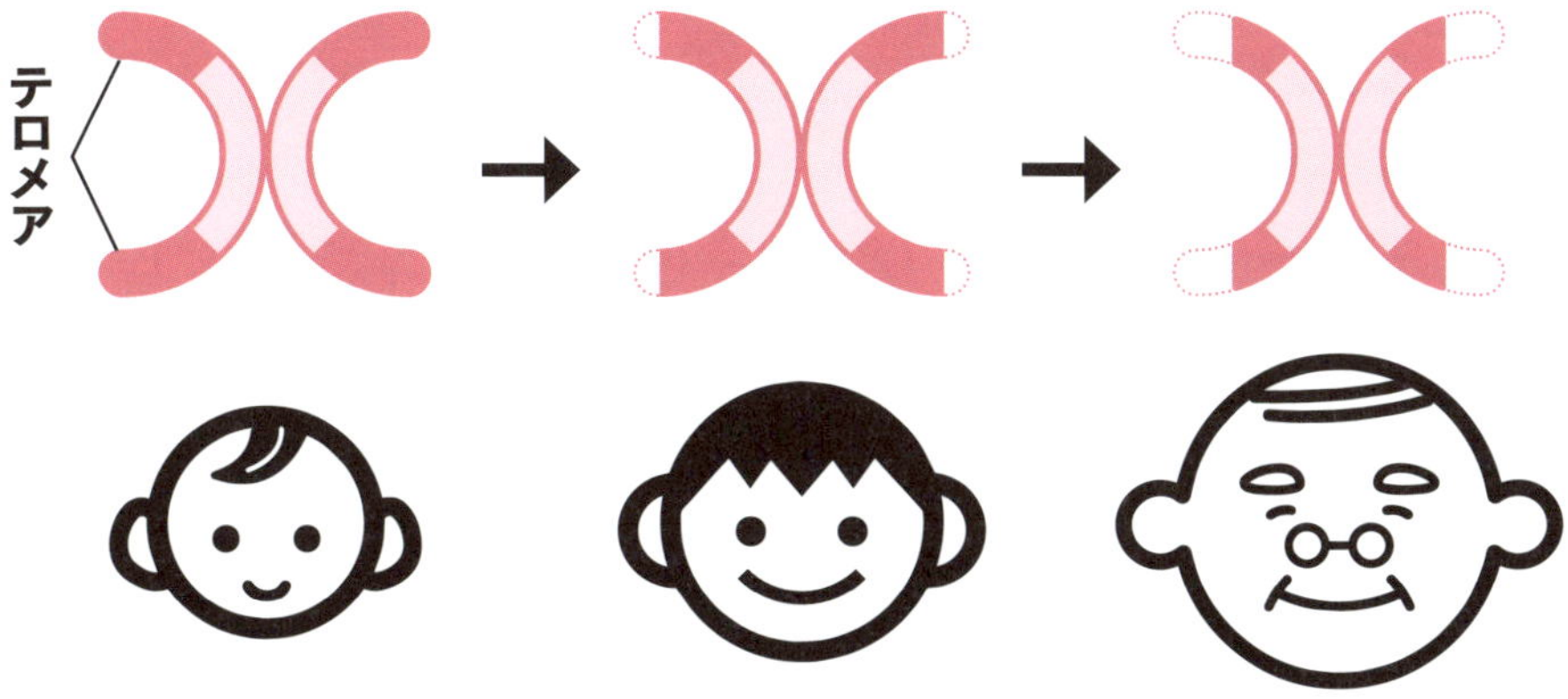

COLUMN 2

ミドリムシを食べると体にいいの？

〜単細胞生物の特徴〜

「あの人は単細胞だからねえ」。単細胞はそのような文脈で使われることがあります。その意味するところは「単純」です。でも、これは単細胞生物に失礼な言い方ですね。確かにたったひとつの細胞だけれど、そのなかにさまざまな機能を備えているのですから。

　たとえばミドリムシ。彼らは光合成をするための葉緑体を持ち、さらには水中を移動するための鞭毛《べんもう》も持ちます。植物のようでもあり、動物の性質も備える生き物です。原生動物と緑色藻類の真核共生によってこうした特徴を備えるようになったと考えられています。

　近年はミドリムシが持つパワーに注目が集まっています。ひとつは栄養素。ビタミン・ミネラル・アミノ酸など59種類もの栄養素を含み、さらに一般的な植物のような細胞壁がないため、吸収しやすいという特徴があります。近年ミドリムシを使った商品が健康食品として多くのメーカーから販売されています。

　もうひとつはバイオ燃料として。ミドリムシの細胞内には脂質が多く含まれているため燃えやすいのです。

　ミドリムシを含む単細胞生物は、分裂によって個体を増やしていきます。環境さえ整えれば、その増殖スピードは、有性生殖をする生物の比ではありません。そのため、ミドリムシの研究に特化したベンチャー企業も注目を集めています。ミドリムシは前途有望なエネルギー源といえるでしょう。

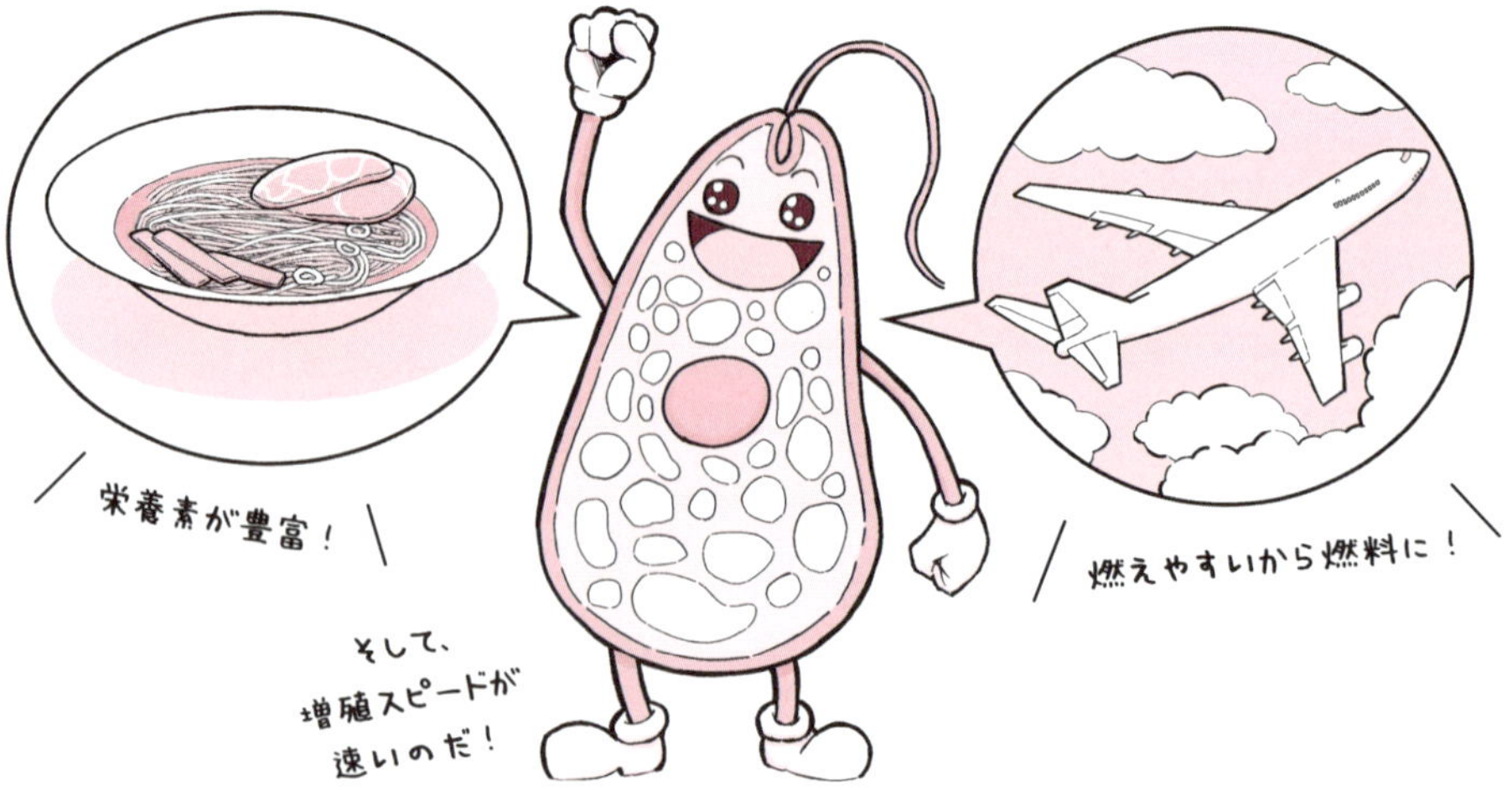
栄養素が豊富！
燃えやすいから燃料に！
そして、増殖スピードが速いのだ！

3章

生物の発生と生殖

寿司ネタのウニは生殖腺なの？

～ウニの卵割と生体内の組織～

寿司ネタのウニといえば高級品。旬のバフンウニの美味しさといったら!! ところで、**私たちが食する黄色い部分は、ウニの生殖腺《せいしょくせん》（精巣・卵巣）にあたる**ことを知っていましたか？ ウニの捕獲時、外見からだけでは雄雌の判別をすることは困難なため、基本的に雄雌に仕分けることはしません。つまり、寿司屋でよく見る「箱ウニ」には精巣も卵巣も混じっていて、どちらが出てくるかは基本的には運任せなのです。

しかし、厳密には精巣と卵巣では違いがあります。精巣のほうがやや固く色合いも味も濃厚。一方、卵巣は色がやや薄く、切るとトロリと液状になり、精巣に比べて味は淡白。一般的に精巣のほうが味はいいといわれています。高級店では精巣のみを集めた高級ウニが使われることもありますが、その価格には選別に関わるコストも上乗せされていることでしょう。

ウニの生態、構造について、簡単に触れておきます。ウニは深海から浅瀬まで世界中の海に生息しています。腹面《ふくめん》には歯が5本ついた口があり、海藻などを食します。体表のトゲは、敵から身を守る役割を果たすとともに、移動するときには足代わりにもなります。

ウニは、個体の発生を研究する一分野である「発生学」において、実験材料として重宝されてきました。受精卵が卵割を開始し胞胚へと進む発生過程が、透明で、細胞内部まで観察しやすいためです。

ちなみに、胞胚後は孵化《ふか》すると、64時間ほどで三角錘《すい》から突起を出した形状のプルテウス幼生になり、海底に固着、変態してウニになります〈※〉。

※最近の調査研究によると、ウニの寿命は種と環境によっては200年を超えるとか。

●ウニの発生

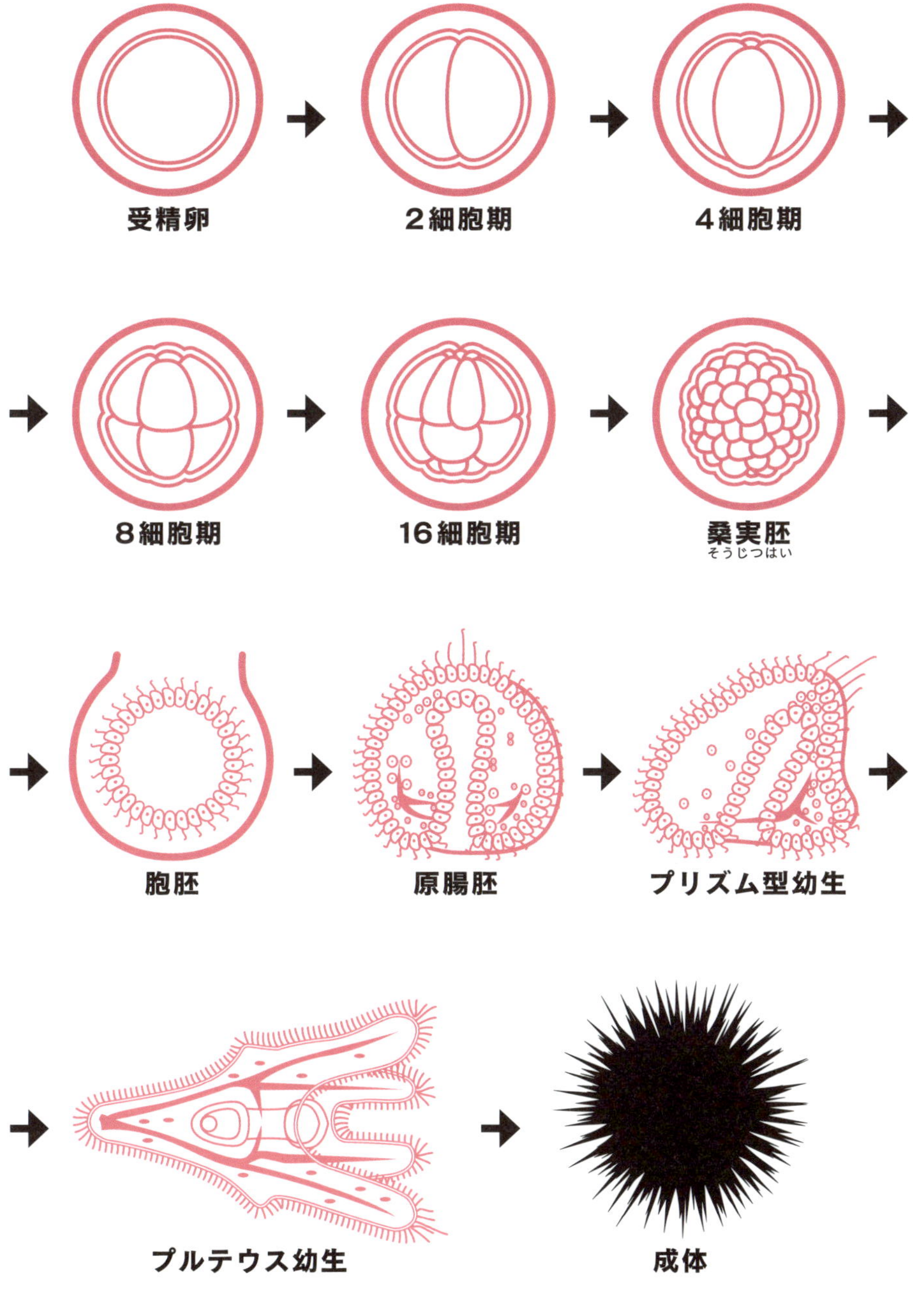
受精卵
2細胞期
4細胞期
8細胞期
16細胞期
桑実胚《そうじつはい》
胞胚
原腸胚
プリズム型幼生
プルテウス幼生
成体

花を咲かせない植物はどうやって増えるの？

～種子植物と非種子植物～

植物の多くは花を咲かせます。**受粉によりできた種によって子孫を残すことができる植物を、種子植物といいます。しかし、シダ植物、コケ植物、藻類《そうるい》といった植物は、花をつけず種子もできません。**では、これらはどうやって子孫を残すのでしょうか。そのカギとなるのは「世代交代」です。

山でよく見かけるシダ植物を例にとって説明しましょう。シダ植物には、同じ種でも見た目の違う2種類の形状のものが存在します。胞子体《ほうしたい》と配偶体です。私たちが「シダ」と認識しているのは胞子体です。胞子体は、葉の裏にある胞子嚢《のう》から胞子を撒《ま》きます。地上に着地した胞子が発芽すると配偶体〈※〉へと成長します。配偶体には造精器と造卵器があり、受精が行われることで受精卵となり、次世代の胞子体へと成長します。**つまり胞子による無性世代と精子と卵による有性世代を交互に繰り返して、子孫を残しているのです。**

種子植物はシダ植物から進化したものです。彼らは進化の過程で、種子によって子孫を残す方法を選択しました。それはなぜでしょうか。シダ植物では、配偶体で精子が卵細胞に泳ぎつくためには、水という媒介が必須です。つまり、子孫を残すために外的要因に大きく影響されるというリスクがあったのです。

種子は、その欠点を解消するものとして、生まれたとされています。たとえば、日照りが続くような環境下では、シダ植物では配偶体での受精ができなくなるリスクが高まります。しかし、種子は休眠状態に入ることで、発芽するための好条件が到来するまで待つことができるのです。この利点によって種子植物は、またたくまに陸上の植物の主役の座をシダ植物から奪っていったのです。

※シダ植物の配偶体のことを前葉体と呼ぶ。

● シダ植物の生活環

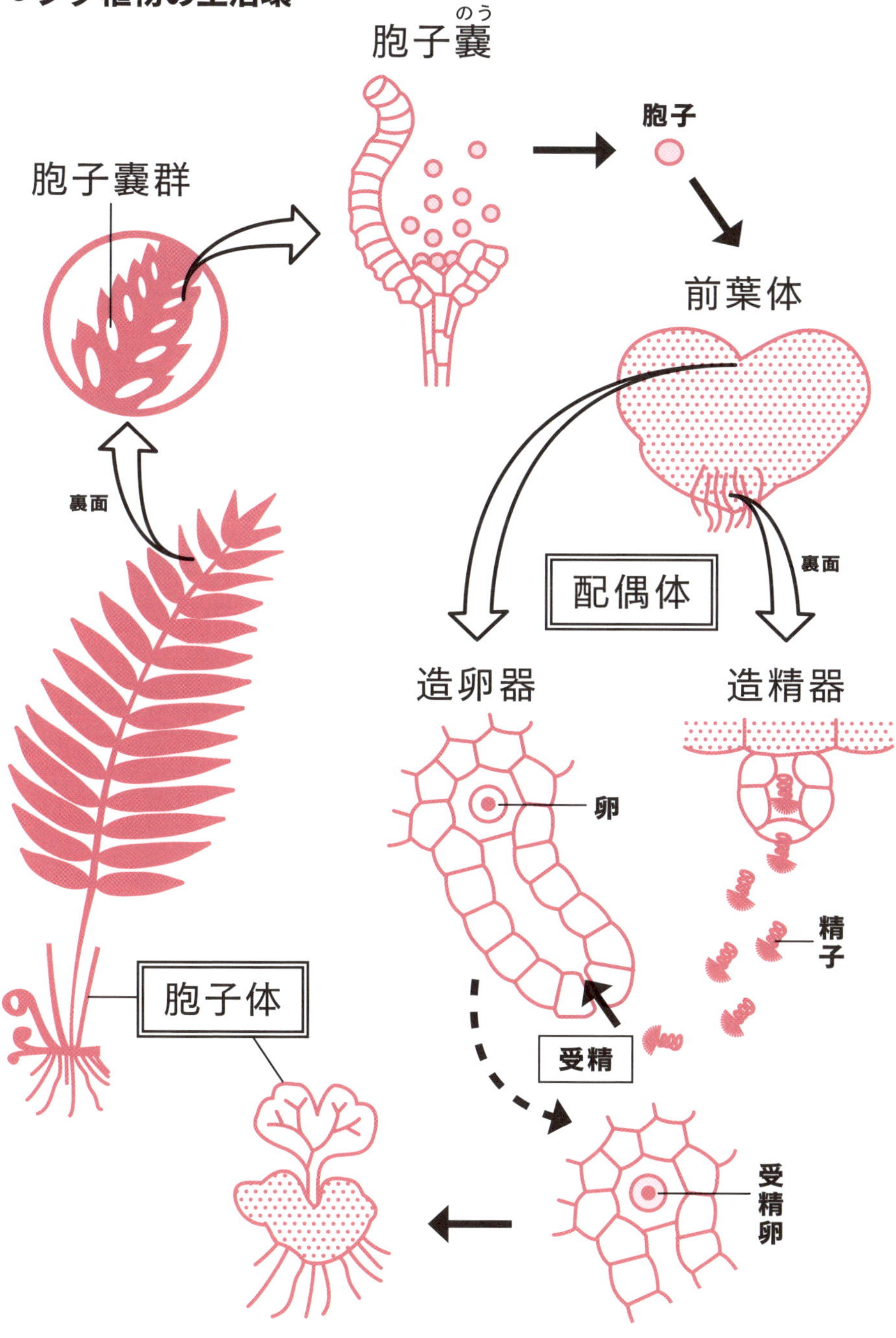

昆虫の体には血が流れてないの？

～開放血管系と閉鎖血管系～

夏になると、道端で無残につぶれてしまった昆虫の姿をときおり見かけます。車にひかれてしまったのか、人間に踏みつぶされたのか……。かわいそうにと思いつつ死骸を見ると……。出血がない!! よくよく思い出してみれば、イモ虫などがつぶれたときも白や黄色っぽい体液は出るものの、出血をしているのは見たことがない。昆虫には血液はないのでしょうか。

人間を含む脊椎動物は、心臓から出た血液が動脈から毛細血管を経て静脈を通り心臓に戻る、〝閉じた循環系（閉鎖血管系）〟を持っています。この閉鎖血管系を流れる血液によって、各組織にエネルギーのもととなる有機物と酸素を運搬することができます。血液の色が赤いのは、酸素を運搬するタンパク質であるヘモグロビンが赤いためです。

一方、**昆虫は閉じた循環系を持たない開放血管系と呼ばれる構造をしています。**血液とリンパ液の区別もなく血リンパと呼ばれる体液が、心臓が鼓動すると体内の隙間（血体腔）にじわーと広がっていきます。この循環の悪さにより有機物が効率よく行き届かないために、昆虫をはじめとする開放血管系の動物は大きくなれないのではと考えられています。

では、血液を持たない昆虫はどうやって酸素を体内に供給しているのでしょうか。その秘密は、全身に張り巡らされた気管にあります。アゲハ蝶の幼虫を観察すると、体の側面に、「気門」と呼ばれるいくつか楕円《だえん》の穴が開いているのを見つけられます。**昆虫は気門から直接酸素を取り入れ、気管を通じて各組織に運ぶのです。**二酸化炭素の排出も、同じように気管を通じて行います。

●開放血管系と閉鎖血管系

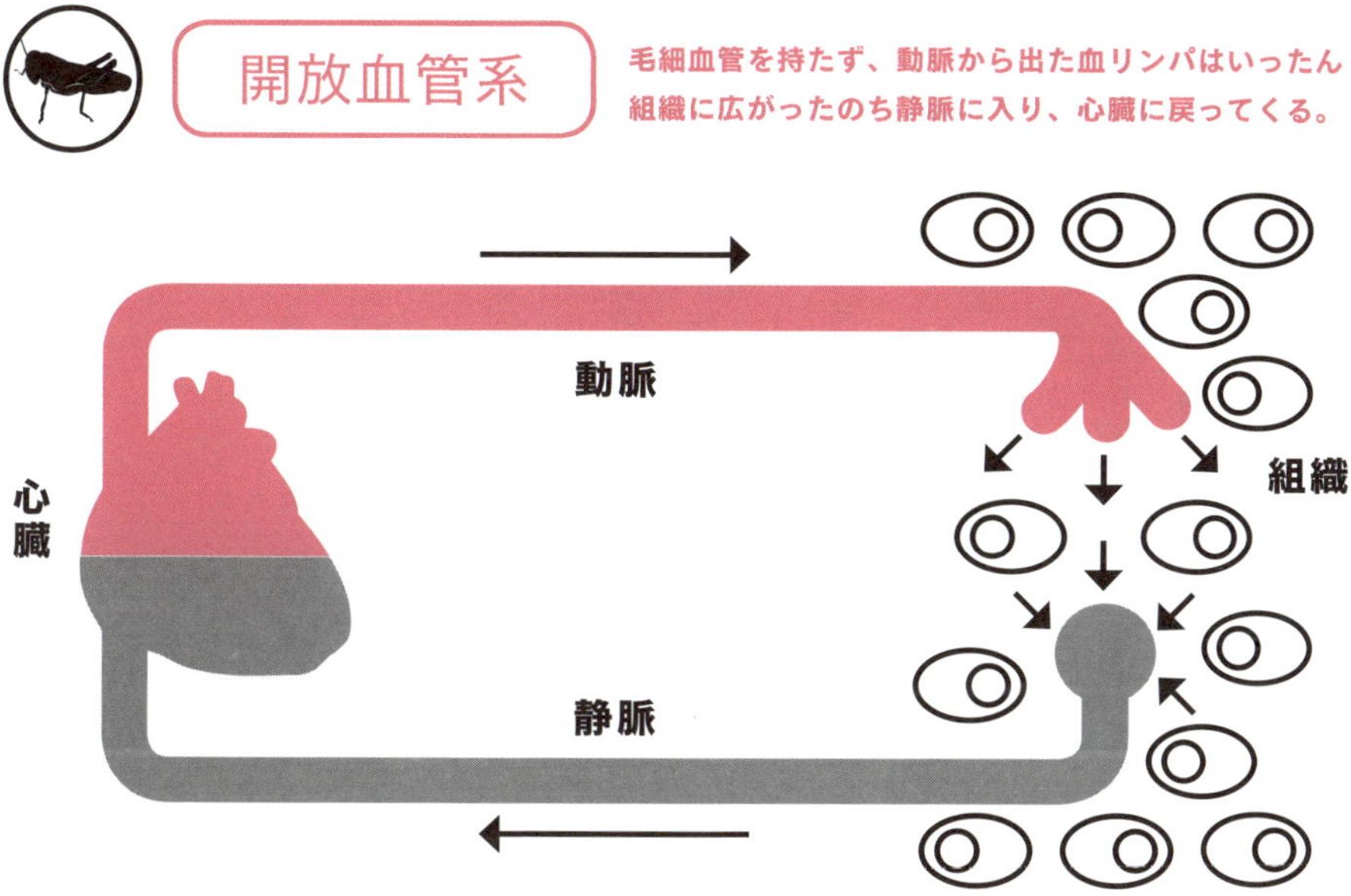

毛細血管を持たず、動脈から出た血リンパはいったん
組織に広がったのち静脈に入り、心臓に戻ってくる。

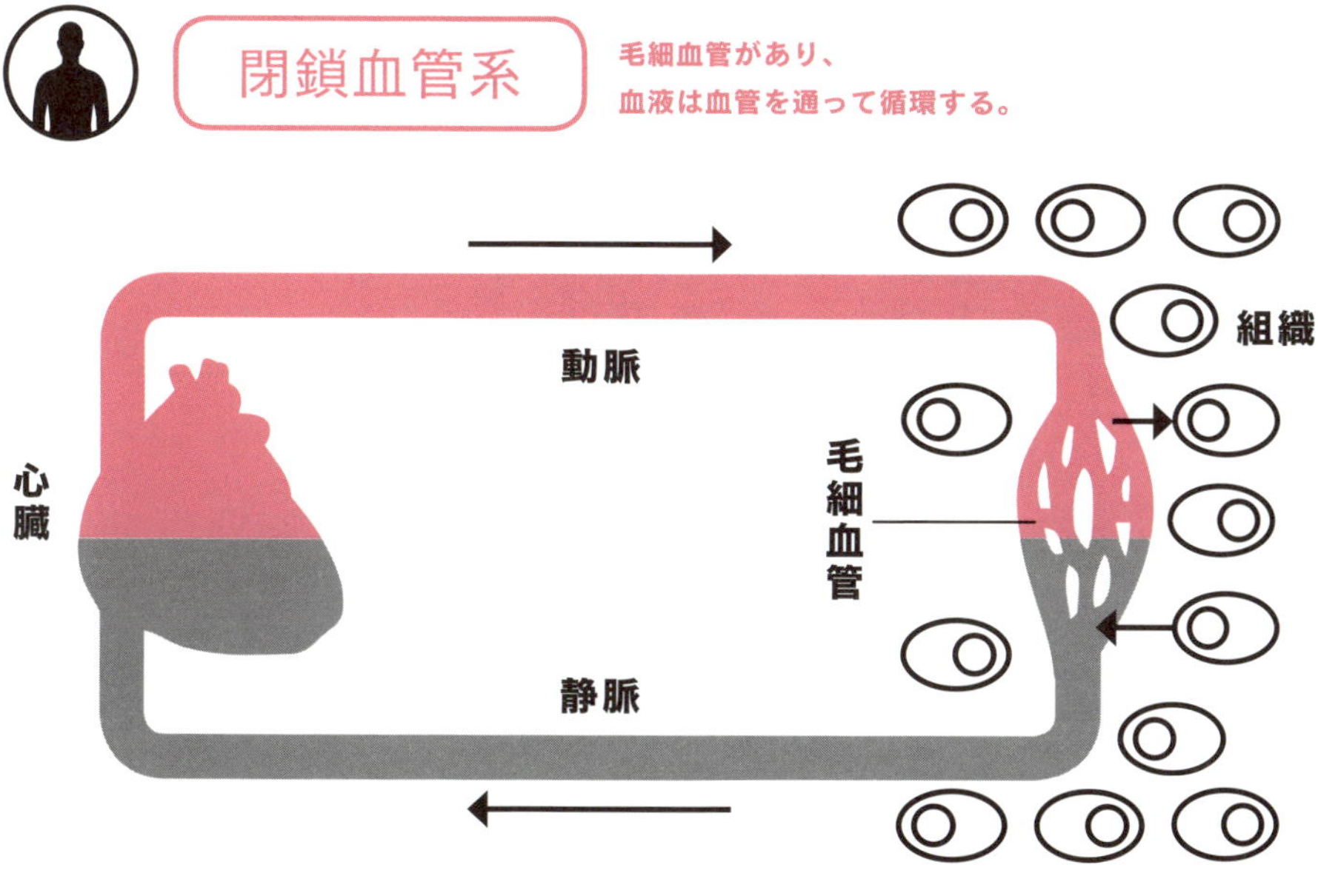

毛細血管があり、
血液は血管を通って循環する。

動物の細胞がたどる「予定運命」って何？

～発生の仕組みの研究～

予定運命と聞くと、SFや占いを思い浮かべそうですが、れっきとした生物学（発生学）の用語です。**動物の初期胚は、発生が正常に進行した場合、どの組織や器官に分化していくのかがあらかじめ決められています。このように発生過程でたどるべき運命を、その領域の予定運命といいます。**

予定運命を最初に明らかにしたのは、ドイツの研究者ヴァルター・フォークトでした。彼はイモリの初期の胚を無害な色素で染色し、将来どのような組織に分化していくのかを調べ、〝予定運命図（原基分布図）〟にまとめました。同じくドイツのハンス・シュペーマンは、イモリの胚内細胞の移植実験によって、その予定運命がいつ決定するのかを明らかにしました。原腸胚の初期では、移植片は移植後領域の運命に従って分化しましたが、後期では、移植前の領域の運命のまま分化することを発見したのです。

シュペーマンはさらに有名な原口背唇《げんこうはいしん》移植実験を成し遂げます。原口の陥入〈※〉によって細胞の羅列はそれまでの一列から内側・外側の二列に変わります。内側に入った細胞群・内胚葉は消化管を形成し、外側の外胚葉は表皮と神経となっていきます。また内外の隙間にも細胞群が入り込み、中胚葉となり、筋肉や血管が作られます。なお、原口は、口か肛門になります。人間の場合は肛門です。シュペーマンは、原口の上部に位置する原口背唇が発生の際に特別な振る舞いをすることに注目し、隣接する未分化の細胞に対して、「この細胞になりなさい」と分化を促す「オーガナイザー（形成体）」の存在を提唱しました。原口背唇はまさにオーガナイザーとして発生の中心的な役割を担っているのです。

※原口とは胞胚から原腸胚にいたる過程で生じる陥の入部の入り口部分のこと。原口の部分から細胞が内側にめり込んでいくことを陥入という。

●シュペーマンの原口背唇移植実験

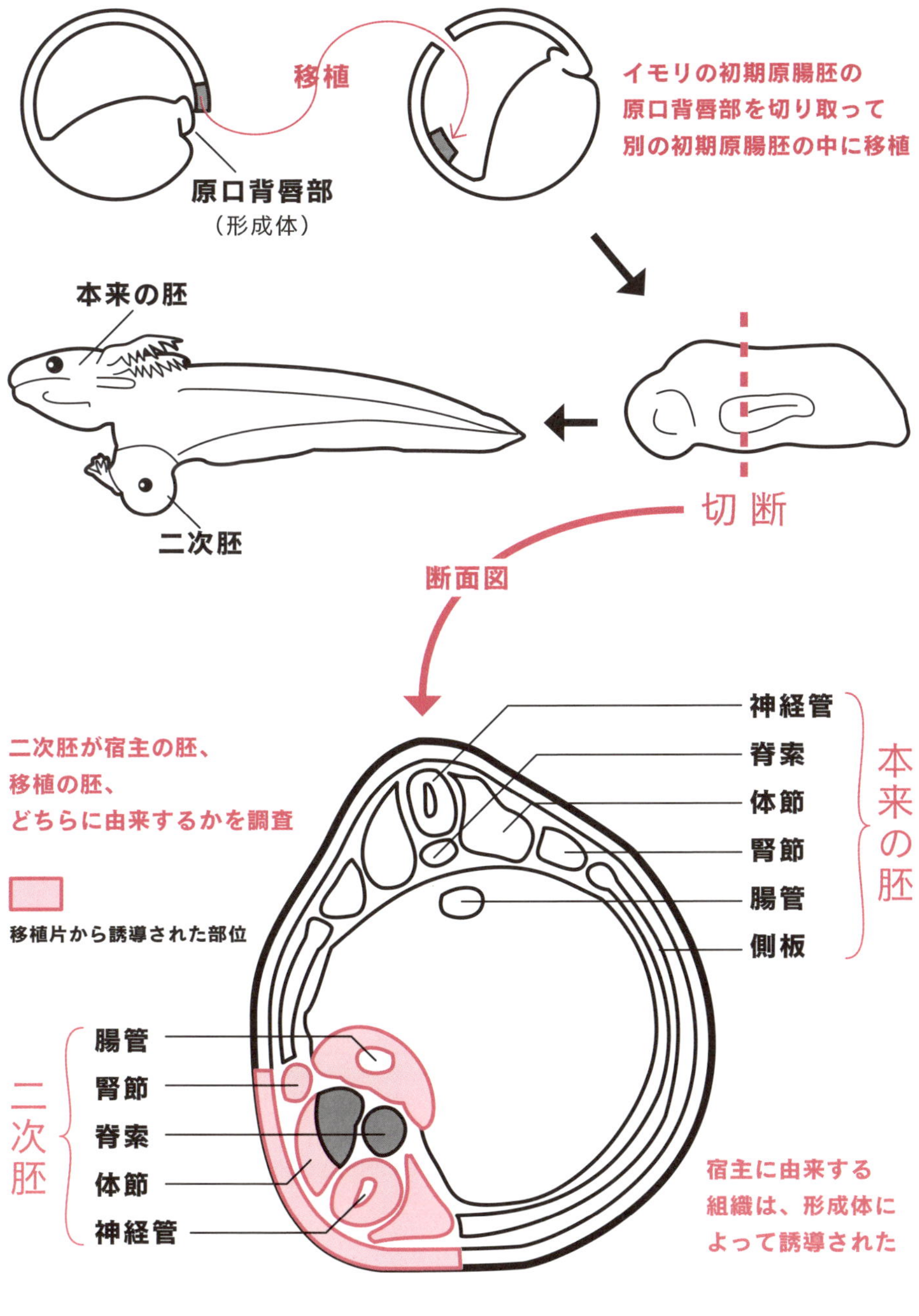

トカゲのしっぽは何回でも再生可能なの？

～動物の自切と再生～

「トカゲのしっぽ切り」とは、人間社会においては、些末《さまつ》な部分を処分することで問題の幕引きを図り、影響が本体に及ばないようにすることを指します。これは、トカゲが敵に捕らえられそうになったとき、しっぽを切って敵の手から逃れる、「自切《じせつ》」と呼ばれる行動になぞらえた比喩《ひゆ》です。

自切は文字通り、自分で切る行為です。敵に切られるわけではありません。切れる場所もあらかじめ決まっています。脊椎に自切面という節目があり、そこからスパッと切れるのです。自切面周辺の筋肉も切れやすい構造になっています。切れたしっぽはしばらく動き回り、敵の注意を引きます。その間に、トカゲはスタコラサッサと逃げていきます。

しっぽを失ったトカゲは、その後どうなるのでしょう。まず切断面の筋肉が収縮し、失血を止めます。次に、上皮細胞が切断面を覆い、その下に血管を張り巡らせていきます。ここまでは、いわば応急措置ですね。その後は、尾の再生へと移ります。神経幹細胞、筋繊維が形成され、伸びてきた尾の中心には軟骨ができます。ただし、完全に元通りになるわけではありません。脊椎はできませんし、尾がもとより短くなってしまうケースも見受けられます〈※〉。

尾を再生させたトカゲは、脊髄と自切面を失うので同じようには自切できなくなりますが、2回目以降は再生した部分から切り離すことができるようです。もっとも、際限なく使える技ではありませんから。再生には多大なエネルギーが必要になりますから。トカゲにとっては、あくまでも奥の手、命がけの大技なのです。

※種によっては、再生しない場合もある。

●自切をする動物と自切面

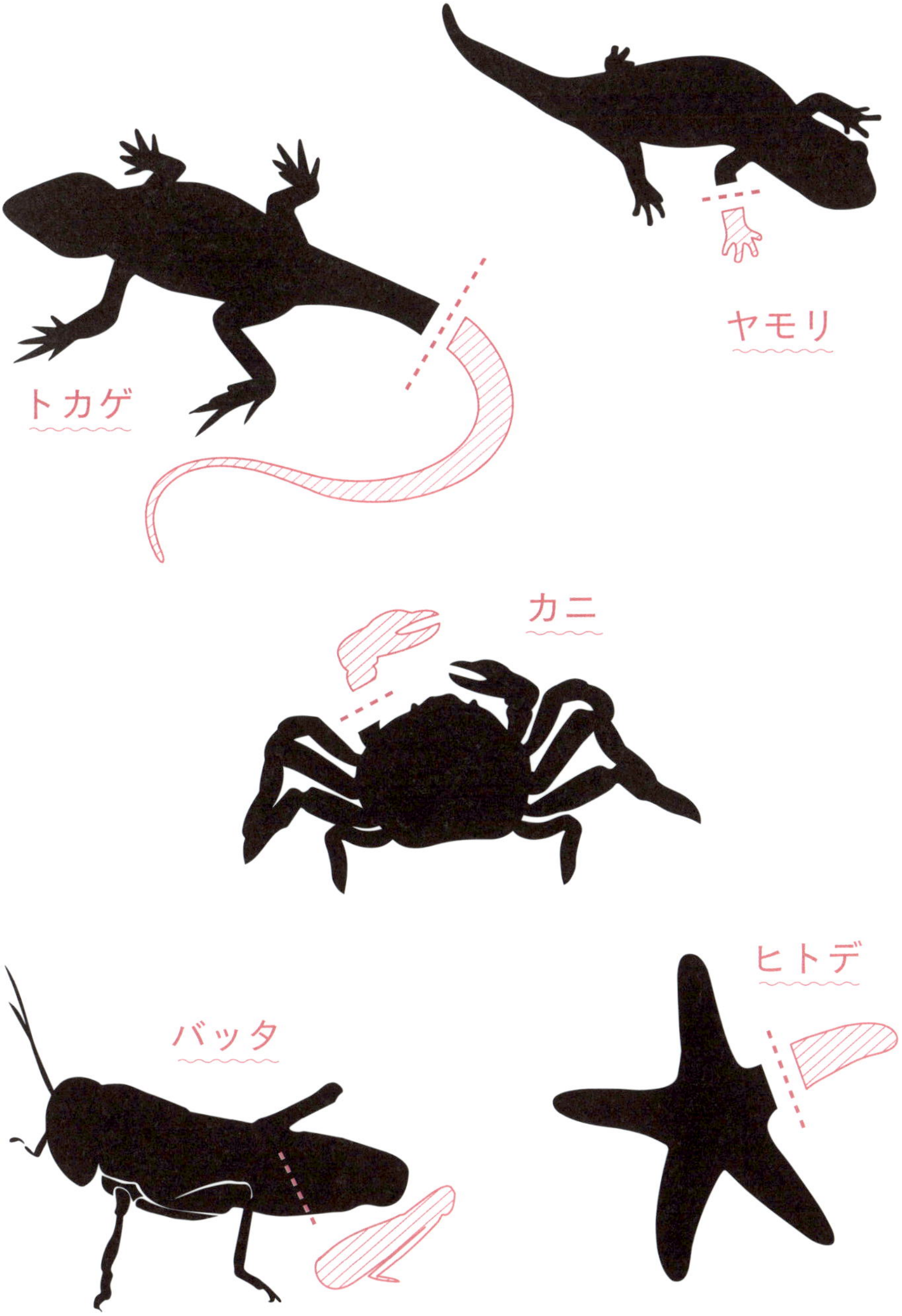

頭を再生したプラナリアになぜ記憶があるの？

～動物の脳以外の記憶装置～

プラナリアという生物がいます。日本でもその一種、ナミウズムシなどが河川に生息しています。プラナリアは進化の面からは前口動物と後口動物〈※〉の分岐点に位置し、脳を持つ動物としてはもっとも原始的な構造をしています。その大きな特徴といえば、驚異的な再生能力にあります。たとえば、**ある個体を胴部分から真っ二つに切ると、頭部からは胴体以降が、腹部からは頭部が再生されます。二つだけでなく、三つ、四つ……切った数だけ個体は再生されます。**

米タフツ大学のタル・ショムラットらは、プラナリアの再生能力の高さに着目し、ある実験に及びました。本来、光を避けるプラナリアに「光のある場所にエサがある」とトレーニングをし、その後、切断。尾部から再生した個体に、そのトレーニングの記憶が残っているか調べたのです。結果は、トレーニングを受けていない個体との比較から得ました。

再生当初、エサに到達するまでの時間に、両個体間では差が出なかったそうです。しかし再度トレーニングを行うと、明らかに両個体間で差が生じました。

これは、かつて受けたトレーニングを思い出したことを意味します。尾部から再生した個体は「新しく再生された脳」が機能しているはず。その事実が意味するところは、記憶は脳以外にもあるのではないかとの期待です。

残念ながらその仮説は、現段階では証明にまでは至っていません。しかし、もし脳以外の記憶装置があるとしたら、アルツハイマー病や認知症など、記憶に関係する病気の有効な解決策になるかもしれません。

※前口動物は初期胚に形成された原口がそのまま口となる。後口動物は原口が口にならず、口は別に形成される。

●プラナリアの再生

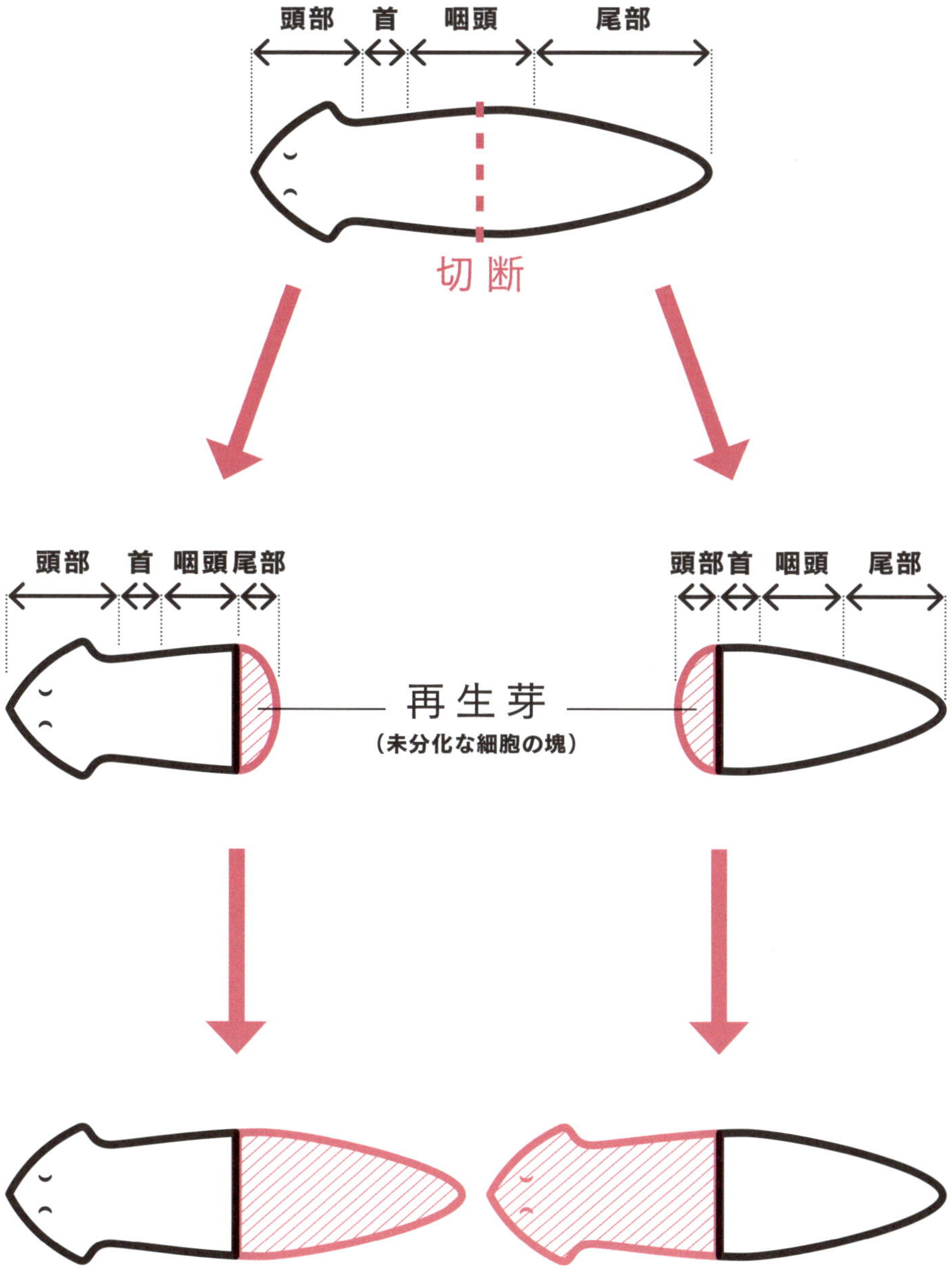

桜の代名詞ソメイヨシノはすべてクローン？

〜植物の交配〜

4月にもなれば、天気予報でその日の天候だけでなく、桜の開花予想も知ることができます。今日の日本人にとって桜は、それくらい親しみのある花です。

ここでいう「桜」はソメイヨシノのこと。日本全国北から南まで植樹されているこの木々すべてが、実はたった一本の樹を起源とするクローンであること、知っていましたか。

ソメイヨシノは遺伝子解析から、エドヒガンとオオシマザクラの雑種の交配から生まれたことが明らかになっています。その起源は、江戸時代末期、植木職人が集まっていた江戸の染井村〈※〉で売り出された「吉野桜」であると考えられています。吉野は、奈良県の地名。桜の名所として有名だったので、職人さんたちはその人気に便乗したのでしょう。

「吉野桜」が名称をソメイヨシノに変えたのは明治時代のこと。藤野寄命《よりなが》という学者が上野公園の吉野桜を観察し、吉野地方のヤマザクラとはまったく別種であることを突き止めました。藤野は、その桜を染井村の名を取ってソメイヨシノと名付けたのです。

ソメイヨシノは自家不和合性といって、花粉が受粉しても受精にいたることが困難です。ソメイヨシノ同士で受精できないため、接《つ》ぎ木などによるクローン以外、増やす方法がないのです。すべての樹が同じ遺伝子を持つクローンであるのは、ここに理由があります。

ただし、ソメイヨシノに子孫を残す力がないわけではありません。地域に自生する野生のサクラと交雑してしまうことがあります。これは既存種に対する遺伝子汚染として問題になっています。

※ 現在の東京都豊島区駒込付近。江戸中期から明治時代にかけて“園芸の街”として栄えた。

●ソメイヨシノの自家不和合性

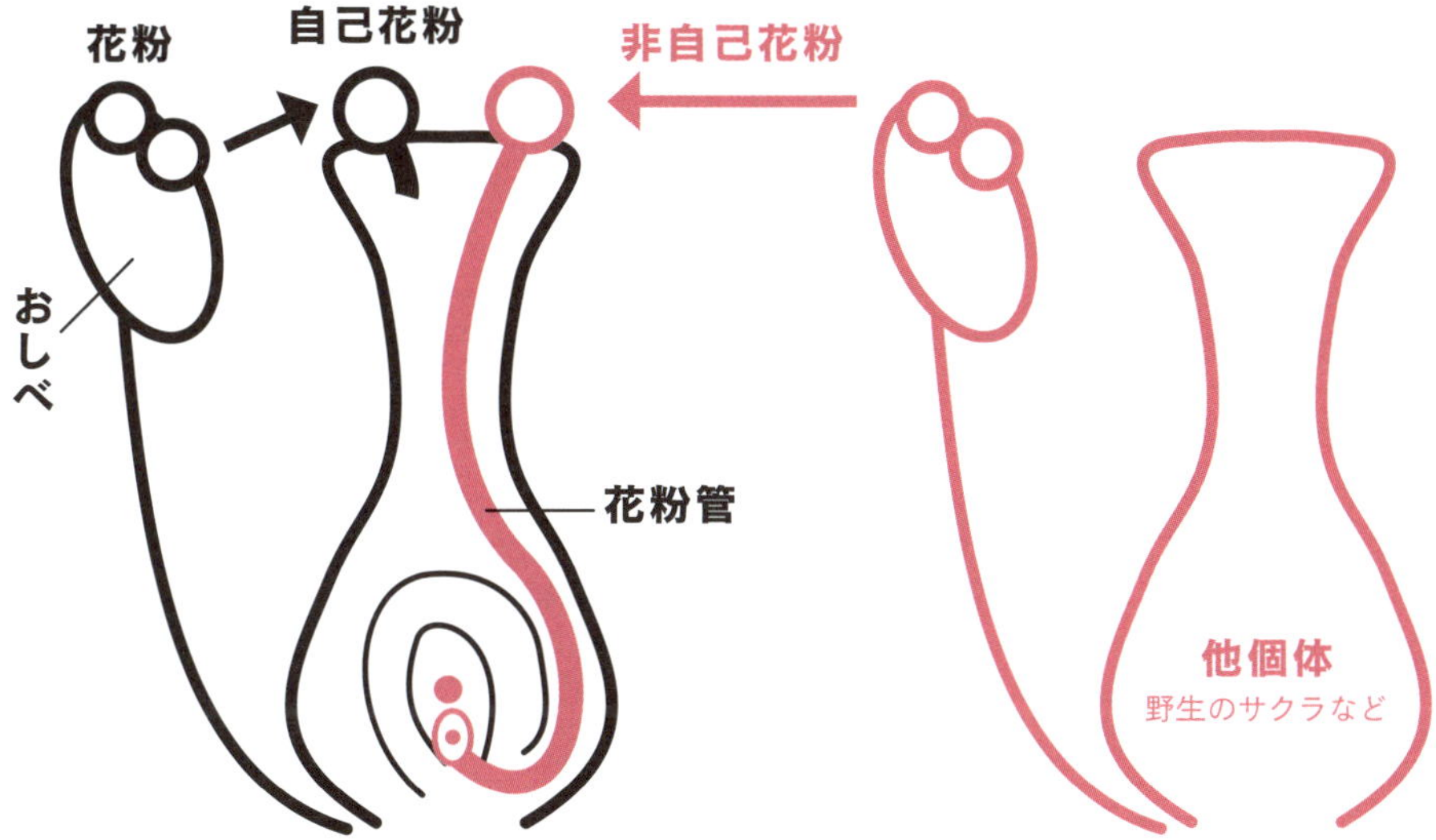

自家不和合性を示す植物は、自家受粉での花粉の発芽や花粉管の伸長が阻害される。他個体由来の花粉により、正常に受精される。

植物の一部を
土などに挿して発根させる

枝などを切り取って
別の木の幹につなぐ

クローン技術は何を目的にしているの？

～生殖技術の応用～

１９９６年、イギリスで一頭のヒツジが生まれました。「ドリー」と名付けられたこのヒツジの誕生をめぐって、世界は喧々諤々の議論を繰り広げることになります。なぜなら、ドリーは〝クローン〟ヒツジだったからです。

それ以前にも、受精後発生初期の胚を使う方法で個体を作り出すというクローン技術は、畜産分野などで活用されていましたが、ドリーの誕生は、一頭の成体の体細胞から核を取り出し、未授精卵と細胞融合させるという方法から生まれた画期的な技術による成果でした。

一部の無性生殖動物を除いて、人間を含む地球上の生物は有性生殖によって子孫を残します。有性生殖による異なる遺伝子の組み合わせによって担保されるのが多様性です。ドリーの場合は、遺伝子は親（乳線細胞の提供個体）とまったく同じです。

ドリーの誕生をきっかけに、この技術を使えば、理論的には人間のクローンも作り出すことができると、世界を震撼させました。極端な話、アインシュタインのような天才の細胞から核を取り出して移植すれば、もうひとり天才を生み出せる……。選別思想にもつながりかねない危険性をはらむ技術に対し、日本を含む各国はすぐに、クローン技術のヒトへの適用禁止という対応策を打ち出しました。

しかし、**クローン技術そのものは、食料の安定供給、医薬品製造、移植用臓器の作製などに寄与すると期待されています。**またマンモスなど絶滅した種を、残された細胞から復活させられるのではないか、そんなことを口にする研究者もいます。〈※〉

※実際に米ハーバード大学医学大学院などで研究されている。

●クローンヒツジ「ドリー」の誕生

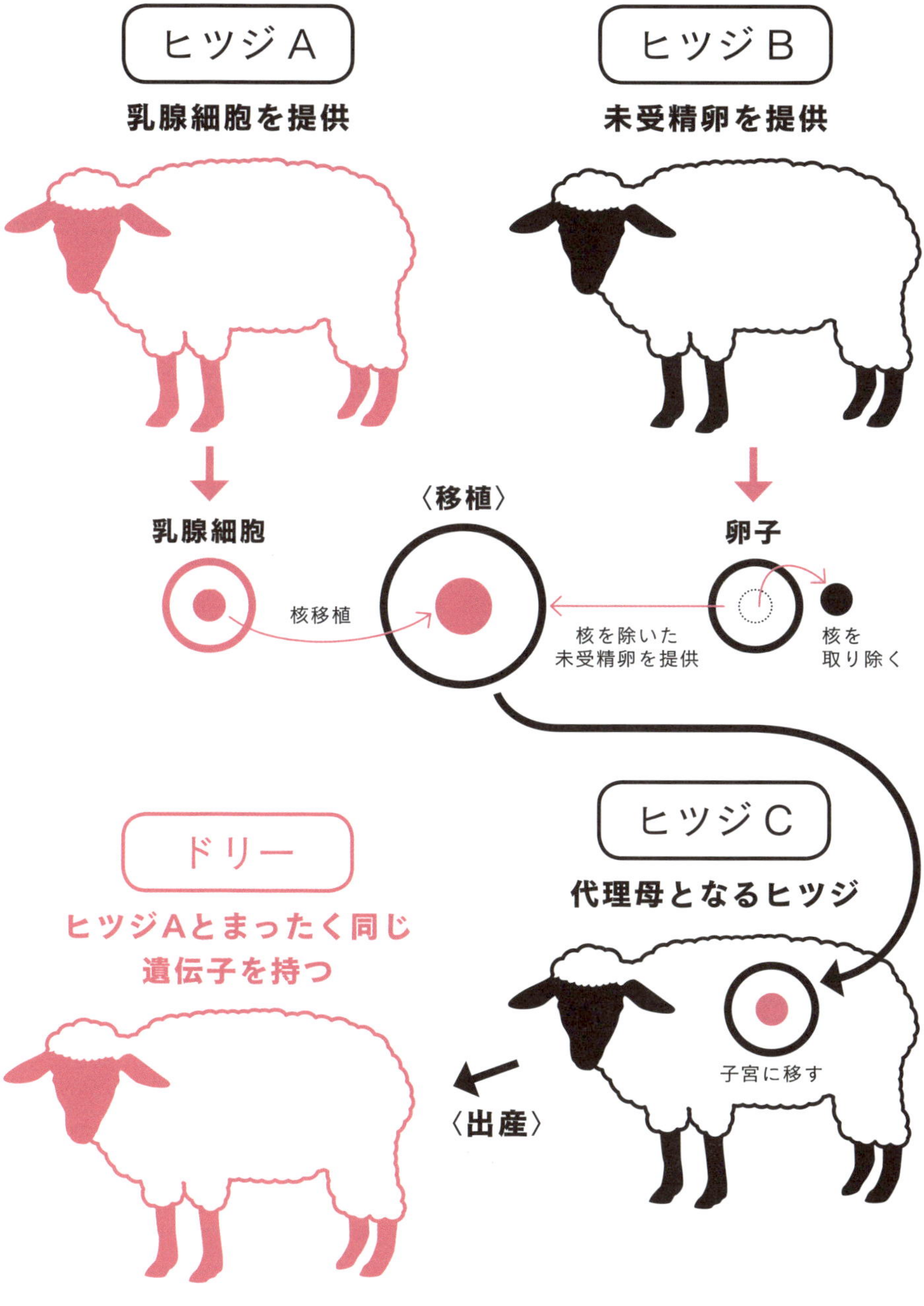

三毛猫はなぜメスばかりなの?

～X染色体の不活性化～

三毛猫はオレンジ（茶）・黒・白三色の毛を持つネコのこと。日本では身近に見られますが、海外では珍しいらしく、日本猫を起源とするジャパニーズボブテイルの三毛は「Mi-ke」と呼ばれ、人気も高いようです。**三毛猫がメスばかりなのは、X染色体の不活性化という現象が深くかかわっています。**

染色体とは、細胞分裂期に観察される棒状の構造体で、遺伝情報の発現と伝達を担《にな》います。ヒト、猫など大部分の哺乳類は、常染色体に加えて、性決定に関与する染色体として、X染色体、Y染色体の2種類を持っています。X染色体が2本の組み合わせでXであればメス、X染色体とY染色体の組み合わせであればオスです。オスでは1本しかないX染色体をメスは2本持っており、X染色体上の遺伝子の働きが過剰になることを防ぐために、メスではどちらか一方のX染色体を眠らせているのです。この現象をX染色体の不活性化といいます。

猫の体毛色は、簡単に説明すると、白い毛の部分を作る遺伝子と白以外のところを茶にするか黒にするかを決める遺伝子によって決まってきます。白の遺伝子は、常染色体にコードされていますが、茶にするか黒にするかを決める遺伝子はX染色体上に存在します。

X染色体の不活性化の選択は完全にランダム。それぞれの細胞が2分の1で茶になるか黒になるか決まってきます。そうやって3色のまだら模様ができあがるのです。オスはX染色体を1本しか持たないので、選択の余地はありません、**三毛猫がメスばかりなのも、X染色体を2本持つ個体にしか発現しないからです**〈※〉。

※ごくまれに染色体異常で「XXY」という染色体を持ったオスが生まれることがある。その確率は3万匹に1匹といわれている。

● X染色体の不活性化

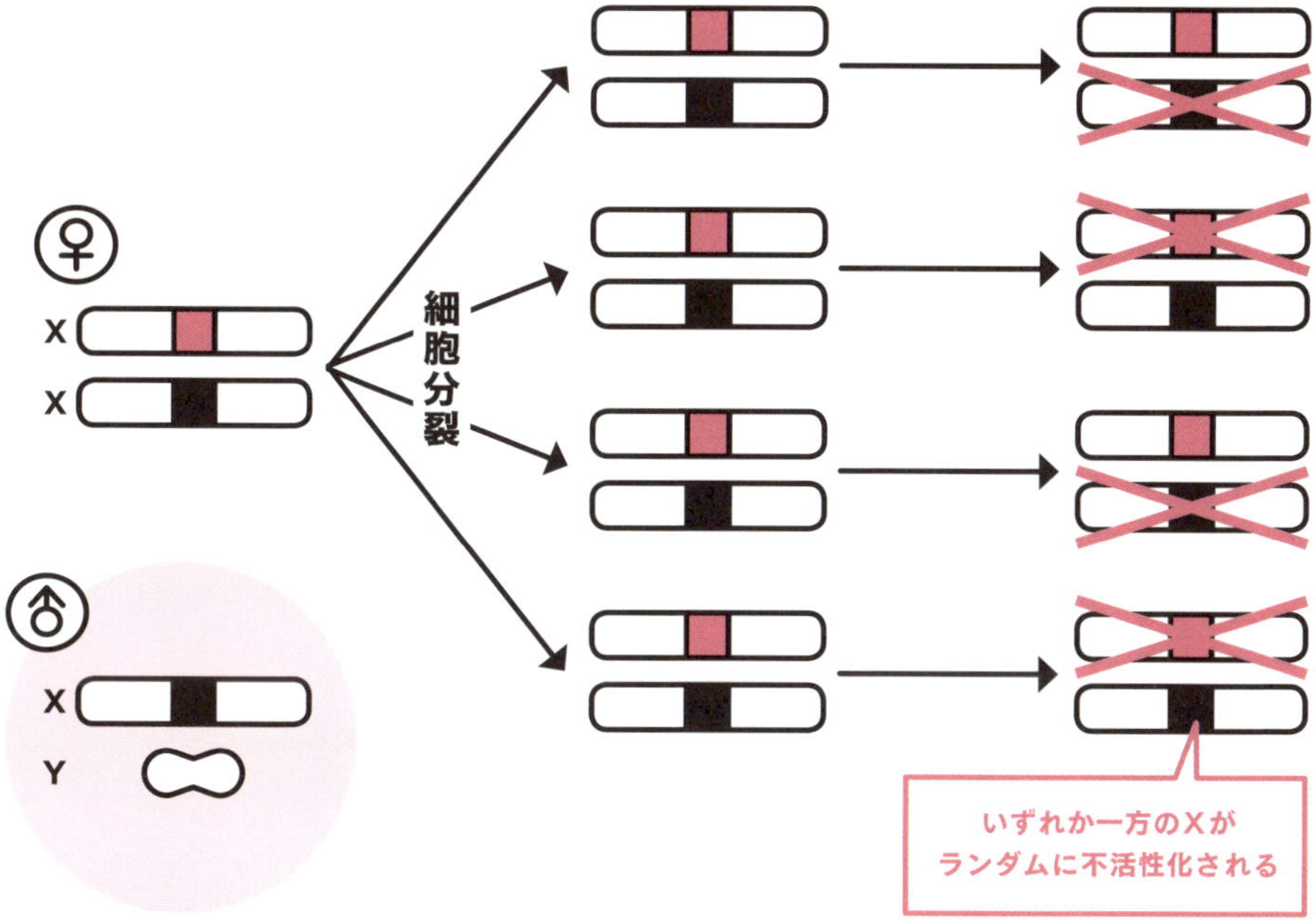

● 三毛猫のX染色体の不活性化

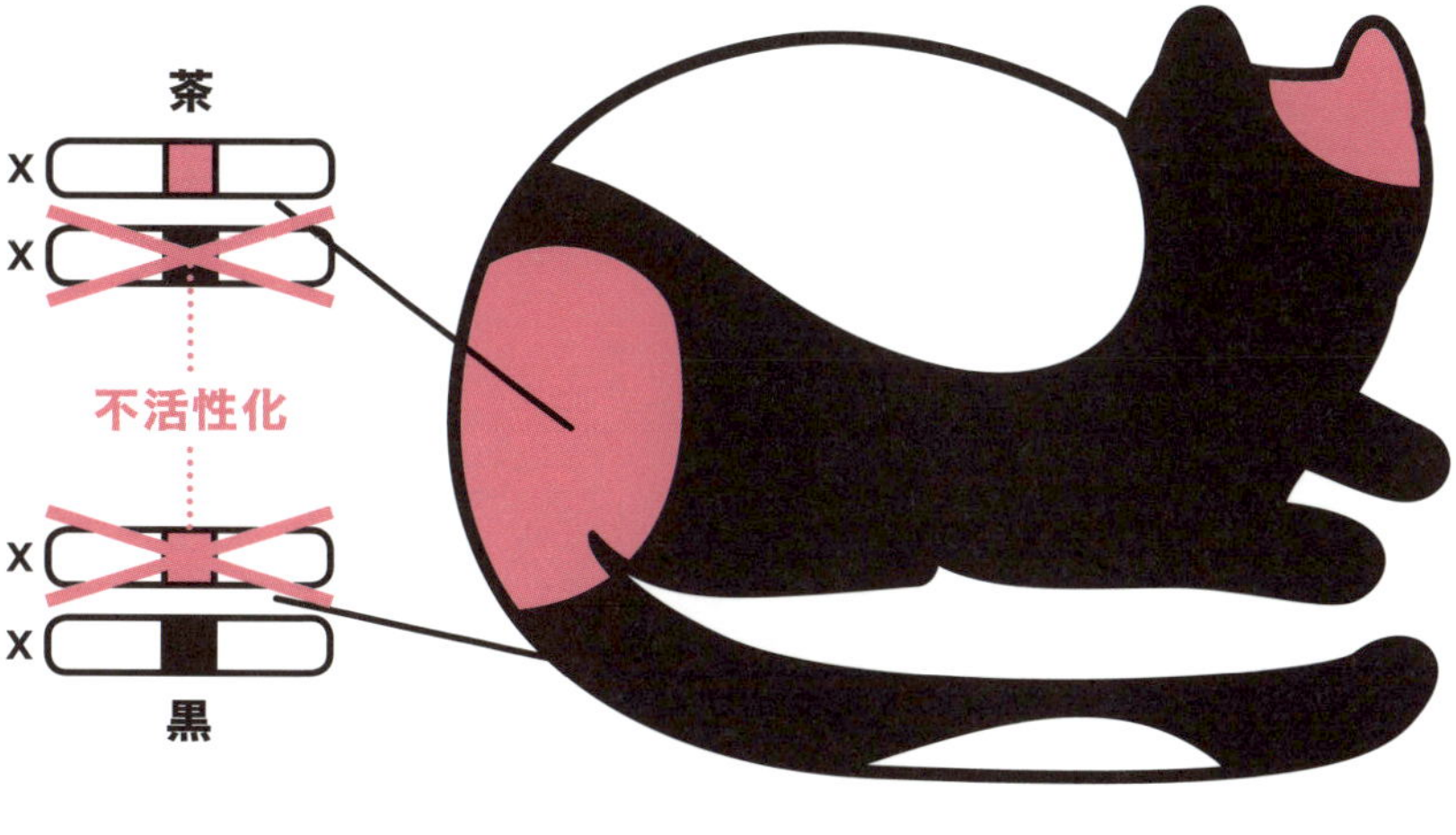

COLUMN 3

動物でもイケメンはモテる？

～生物の求愛行動～

動物番組などでは、動物たちの繁殖期の求愛行動がよく取り上げられます。ときにかわいらしく、ときに滑稽《こっけい》に見えるからでしょう。彼らは体の派手な色彩をアピールしたり、ダンスをしたり必死です。

アプローチするのは、たいていオスです。メスは、気に入ればオスを受け入れますが、こりゃダメだとなればプイとそっぽを向いてしまう……。人間社会でもよく見られる光景です。

いったいメスは何を基準にして相手を選んでいるのでしょうか。クジャクを例にあげてみましょう。クジャクのオスは繁殖期になると、飾り羽を広げ、さらに羽を震わせるダンスでメスにアピールします。メスはその様子を見て、オスを受け入れるか否か判断しますが、羽の目玉模様が判断材料のひとつになっていることが研究によって明らかになっています。人間のように顔を基準にするわけではないものの、イケメン好きなんですね。

クジャクに限らず、メスにアピールするためにオスが「着飾る」動物は少なくありません。なぜ、彼らはそうした器官を獲得するにいたったのでしょうか。

弱肉強食の世界では、強さは生存へのもっとも必要なファクターになります。こうした器官は、その象徴として発達したものと考えられています。毎度格闘技さながらにケンカをして強さを競うのは非効率的ですし、種の保存という観点からも問題がありますから。

4章

植物のしくみ

ベランダに植物を置くと涼しくなる？

～植物の蒸散作用～

日本では近年、夏になると気温が35度を超えることも珍しくなってきました。暑さに耐え兼ねてエアコンに頼る結果、都市部ではヒートアイランド現象が起こるという悪循環も問題になっています。有効な対策がなかなか見い出せないなか、注目を集めているのが「緑のカーテン」です。建築物の壁面をはわせるように植物を生育させると、日光を遮《さえぎ》るだけでなく、**植物の蒸散作用によって周辺温度を下げる効果が期待できます。**〈※〉

蒸散作用とは、植物の葉や茎などから水蒸気が放出される現象のことです。植物は、気温が高い日中に、自らの葉の表面温度を下げるために主に葉の裏にある気孔を通じて、盛んに水蒸気を放出します。その際に生じる気化熱によって、葉の表面だけでなく、周辺の温度も下げるのです。最近、夏になると商業施設などでよく見かけるミストシャワーを思い浮かべてください。植物の周辺が涼しくなるのはミストシャワーと同じ原理です。

植物はいったいどの程度の分量の水蒸気を出すのでしょうか。これは植物の種類によって大きく変わります。たとえば地中から多量の水を吸い上げることが名前の由来にもなっているミズキは蒸散量も多く、砂漠の環境に適応したサボテン類は蒸散量を少なくして水分を蓄えるようにしています（P80参照）。また同じ植物でも、気温や湿度などにより蒸散の量は変動し、基本的には高温かつ低湿度のときに蒸散量が多くなります。

ベランダに植物を置けば涼しくなるのかについてですが、蒸散作用によってベランダの気温が下がることは下がるでしょうが、残念ながら、植木鉢を数個程度では体感できるほどの効果はないかもしれません。

※「緑のカーテン」に向いている植物はゴーヤ、キュウリ、ヘチマ、アサガオ、フウセンカヅラなど。

●植物の蒸散作用と光合成

植物中の水の移動は下から上へ、つまり重力に逆らった移動。根から葉まで途切れることなくつながっている水の柱を、蒸散によって上の方向に引っぱっている。水の移動の原動力となっていることも蒸散の大事な仕事である。

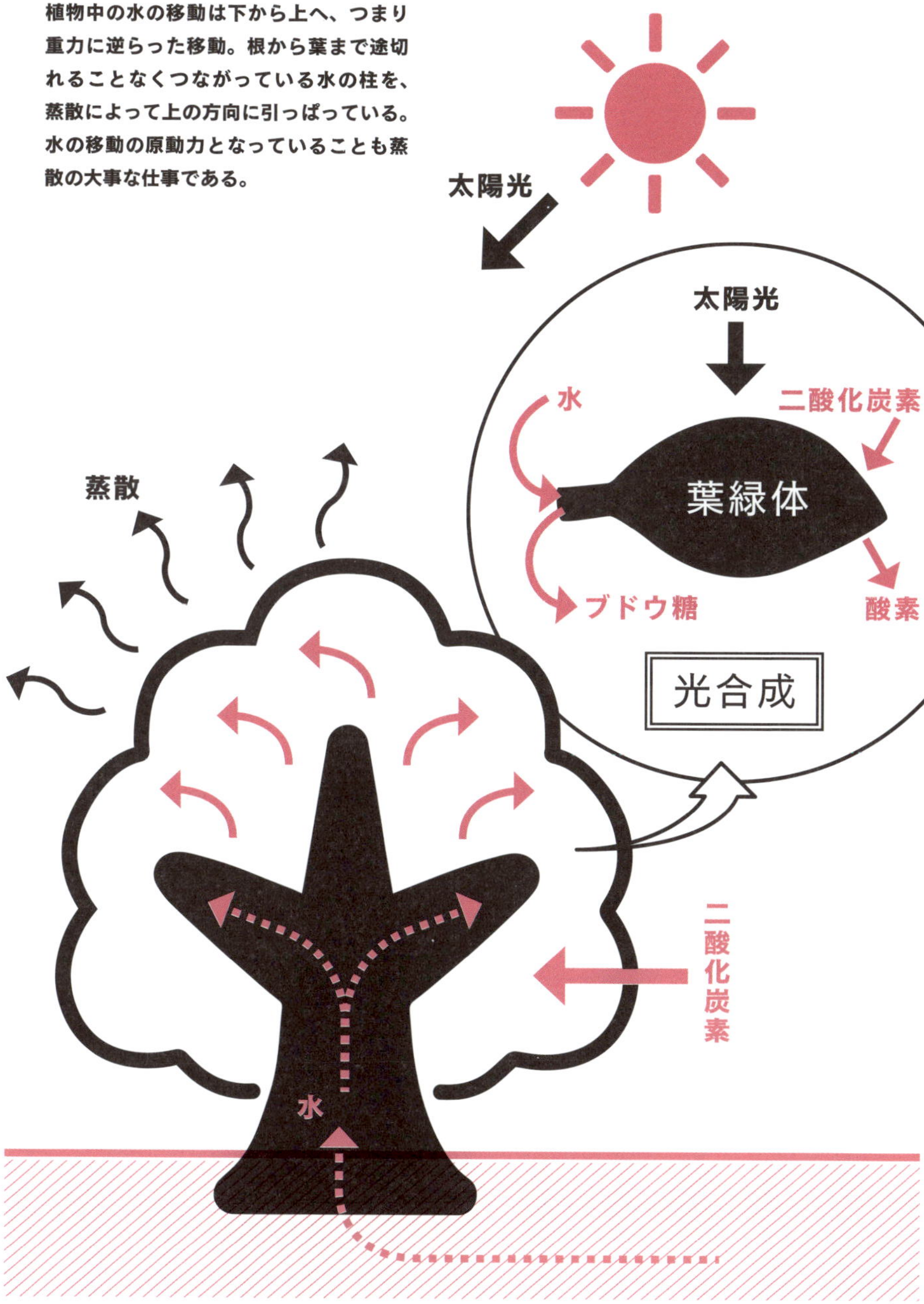

レンコンの穴はなんのためにあるの？

～植物の器官の分化～

　レンコンはおせちにも縁起物として使われる食材です。穴が開いていることから「先を見通せる」とされているのです。ところで、なぜレンコンに穴が開いているのかご存知ですか。

　レンコンを漢字で表記すると「蓮根」。しかし、正確にはレンコンは根ではなく、根茎《こんけい》という茎《くき》に栄養が蓄えられて太くなったものです。

　蓮《はす》はどろんこの中でないとあまりよく育ちません。ところが、成長のために必要な酸素は泥中では十分に賄《まかな》えません。そこで、**不足している分の酸素を地上から調達するために、蓮は根茎に穴を開けて、空気の通り道、通気孔《こう》を確保したというわけです。**

　レンコンの穴は、根茎（いわゆるレンコン）と根茎の節を通り越して、次の根茎へとパイプのように繋がっているのです。

シダ植物と種子植物はパイプ状の組織を持っており、維管束《いかんそく》植物と呼ばれています。

　維管束には、水分の通り道「道管」と、養分の通り道「師管」があり、根から茎を通って葉まで繋《つな》がっています。こうした構造を獲得することは、進化の過程で植物の大型化に大きく寄与したと考えられています。どんなに大きくなっても、必要な水分・栄養分をすみずみまで行き渡らせることができるからです。

　……ということは、レンコンの穴は特大の維管束！　と思ってしまうかもしれませんが、それは間違いです。レンコンは維管束植物ですが、いわゆるレンコンの穴は、維管束ではありません。環境に適応するために、維管束とは別に独特の通気孔を発達させたのでしょう。

●維管束植物の構造

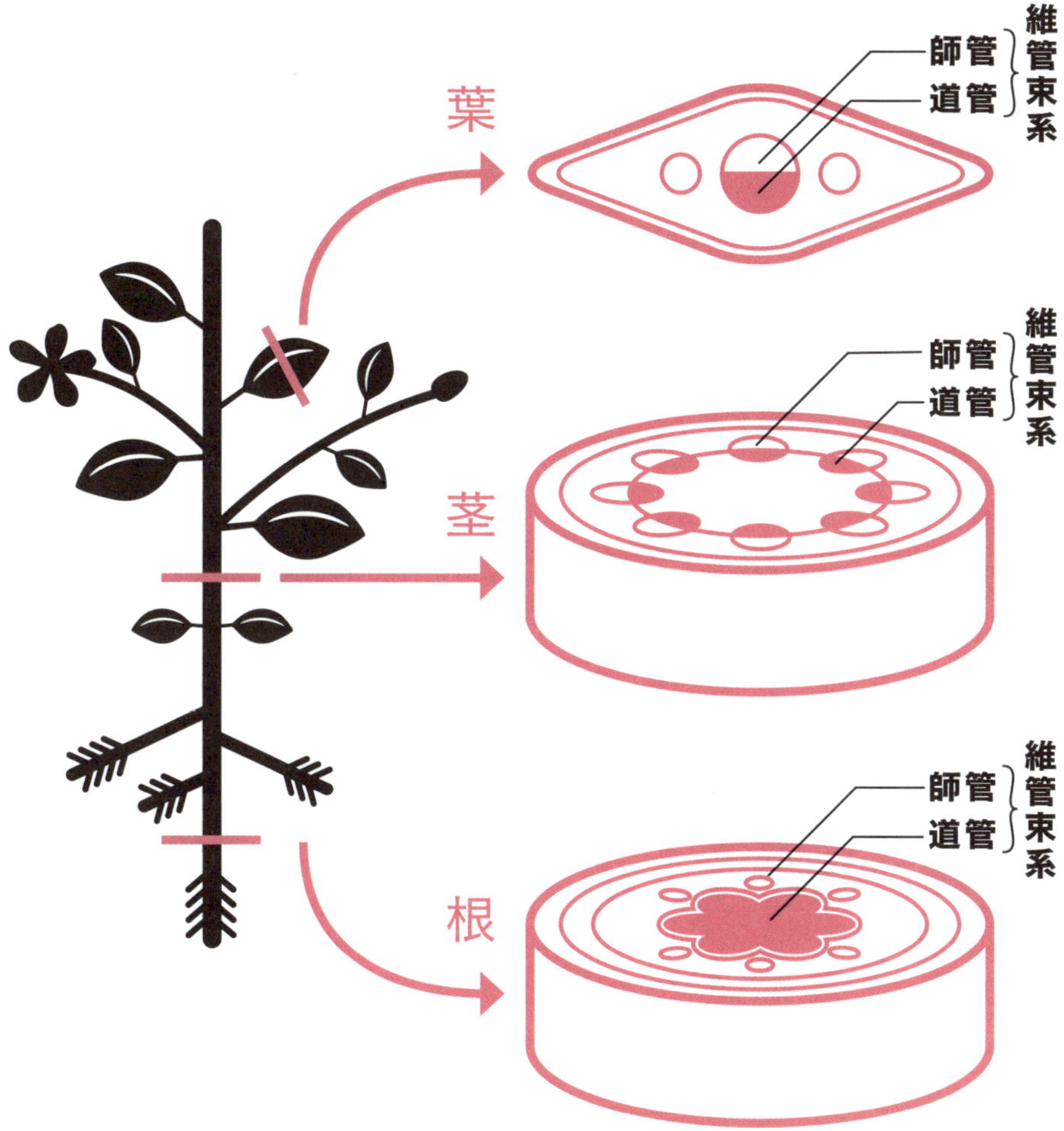

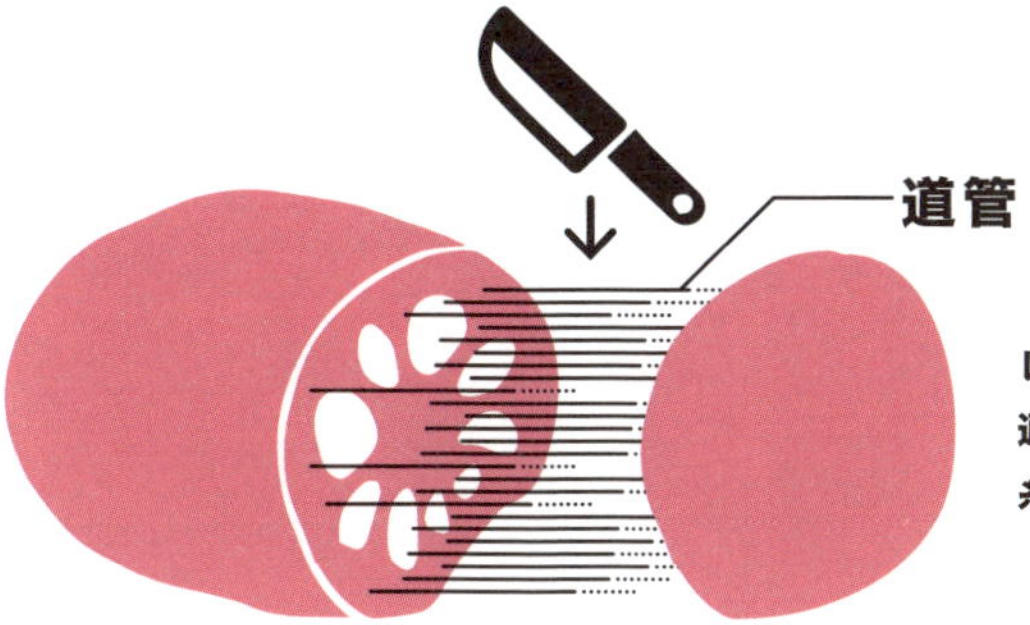

レンコンの穴は道管でも師管でもなく、通気孔。包丁で切ったときに出てくる糸のようなものがレンコンの道管である。

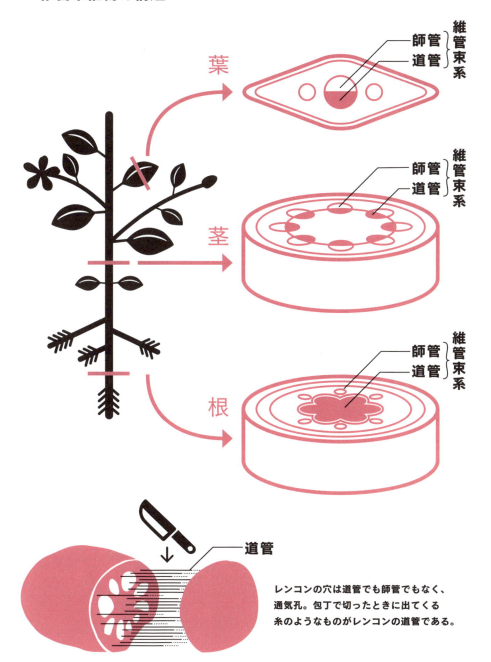

蚊はヒトの血以外に花の蜜も吸っている?

～花粉媒介～

枕もとで鳴る高周波音。不規則な飛行軌道で目をくらまし、気づかぬうちに吸血して去っていく。そのあとに残されるのは、ぷっくりとした腫《は》れと痒《かゆ》み……。私たち人間にとって、蚊《か》は最も身近な害虫といえるかもしれません。

もともと吸血するのは、産卵を控えて高タンパクな動物の血液が必要な時期のメスだけで、オスは吸血せず花の蜜《みつ》や果汁などをエサにしていることが知られています。つまり**蚊も、花の蜜を食する際に昆虫に与えられた「送粉者」としての役割を果たしていることになります。**

送粉者とは、花粉を花の柱頭に運ぶ昆虫などの生物のこと〈※〉**。植物の受粉には欠かせない存在です。**もっとも有名なところではハナバチ、ミツバチなどのハチの仲間があげられます。ハナバチは、後肢に剛毛が密集した「花粉ブラシ」を使い、花から花へと蜜を求めて飛び回る際に、送粉者としての役割を果たします。

植物は送粉者を引きつけるためにさまざまな「工夫」をこらしています。たとえば、ガを媒介とするラン科の植物は、ガが活動する夜間に、暗闇でも目立つ白く大きな花をつけ、ガを引き寄せます。花と送粉者は、生物同士が互いに依存しあいながら進化していく共進化の産物のひとつの例にあげられます。

さて、蚊の話に戻りましょう。人間にとっては迷惑千万の蚊も、植物にとっては他の昆虫と同じように大切なお客さまのようです。植物が、蚊の産卵に必要なタンパク質まで提供してくれるようなら、人間は被害にあわずにすんでありがたいのですが……。

※昆虫だけでなく、トカゲやサルも植物の送粉をすることがある。

●花の構造と送粉者

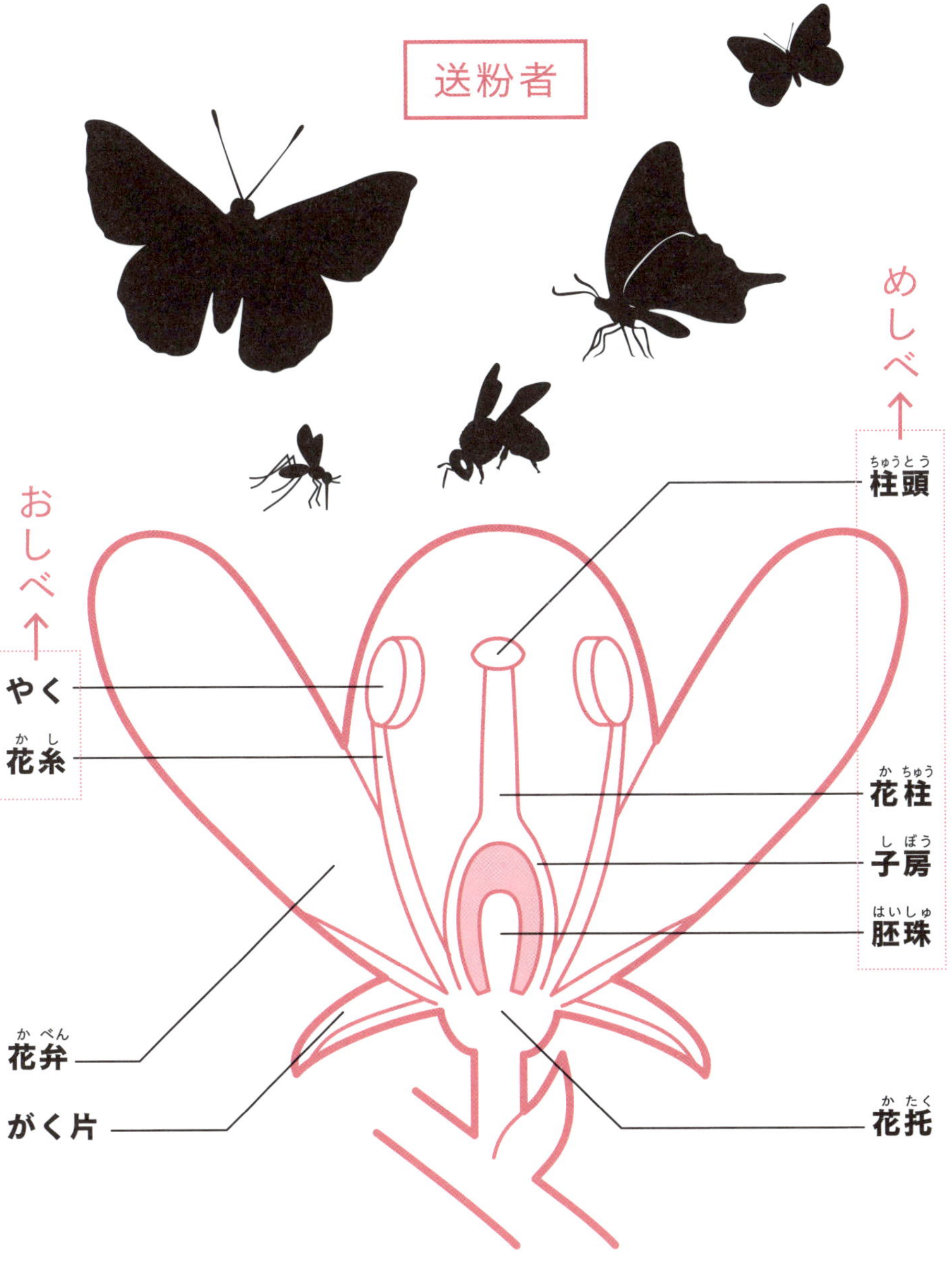

送粉者
めしべ
柱頭《ちゅうとう》
おしべ
やく
花糸《かし》
花柱《かちゅう》
子房《しぼう》
胚珠《はいしゅ》
花弁《かべん》
がく片
花托《かたく》

食虫植物以外の植物も虫を食べる!?

～植物と昆虫の関係～

植物にとって、虫は受粉を助けてくれる大切なパートナー。植物は、昆虫の好みに合わせて進化を遂げてきたことはすでにお話ししたとおりです。ただし、両者は常に協力関係にあるわけではありません。

多くの虫の主食は、植物の葉や茎であるため、その意味では、パートナーから一転して外敵となります。**自らの身を昆虫から守るために、植物は防御システムも進化させてきたのです。**

防御システムのひとつとして、植物が獲得したのは、毒です。たとえば、クワの葉を切ると葉脈《ようみゃく》から乳液が染み出してきます。これには代謝を阻害する物質が含まれており、昆虫が摂取すると生育を阻《はば》まれ死に至ります。

乳液を出す植物は、それ以外にも数多くありますが、その主な目的は、クワと同様、耐虫防御であると考えられています。一方、虫の側も黙ってはいません。たとえばカイコは、クワの乳液の毒に対抗する耐性を進化の過程で獲得していきました。

植物も食べられるだけではなく、虫を栄養分として利用するものがいます。いわゆる食虫植物です。**捕食に特化した葉をつけ、捕まえた昆虫を消化吸収します。光合成では作れない栄養分を捕食で補っているのです**〈※〉。

捕食する器官は持たずとも、粘液のついた産毛で昆虫を捕らえて死なせ、朽《く》ちて土に落ちた死骸を栄養分とする植物の戦略も発見されています。その、新たに「食虫」植物の仲間に入る植物のなかには、トマトやじゃがいもも含まれているそうです。

※植物は光合成で得られる栄養分だけでも生きていくことはできる。

●食虫植物の捕虫のしかた

とりもち型

食虫植物の中でもっとも数が多いタイプ。葉の表面に生えている腺毛の粘液で虫を絡め捕る。捕獲後、消化液を分泌して消化吸収する。

モウセンゴケ、
ムシトリスミレ、
イシモチソウ
など

わな型

二枚貝のような葉の内側に感覚毛があり、この毛に触れると葉が閉じて、虫を挟み込む。誤動作を少なくするため、2回以上触れると閉じる仕組みになっている。

ハエトリソウ 、ムジナモなど

落とし穴型

葉が袋状になっていて、1度入ると脱出するのが難しい。内部には消化液が溜まっており、そこに落ちた虫はゆっくり時間をかけて消化、吸収される。

ウツボカズラ、
サラセニアなど

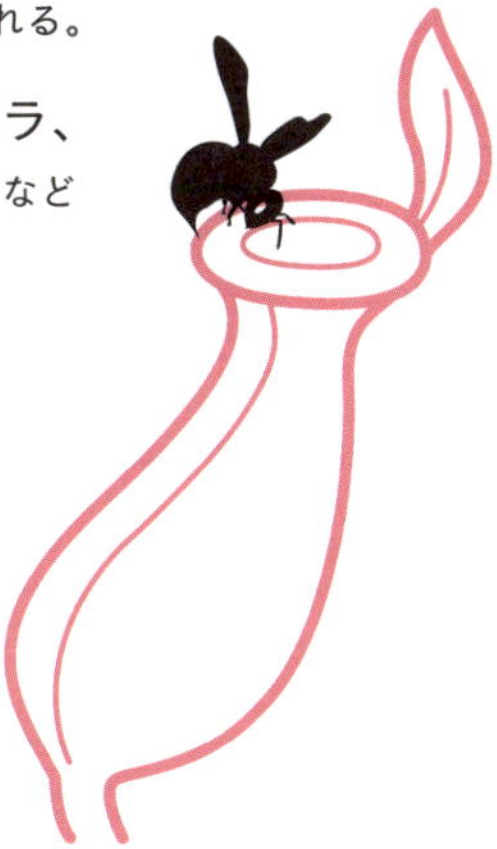

吸い込み型

小さな虫を捕るタイプ。補虫用袋の入り口に生えている感覚毛に虫が触れると弁が内側に開き、虫を吸い込み、弁を閉じて出られなくする。

タヌキモなど

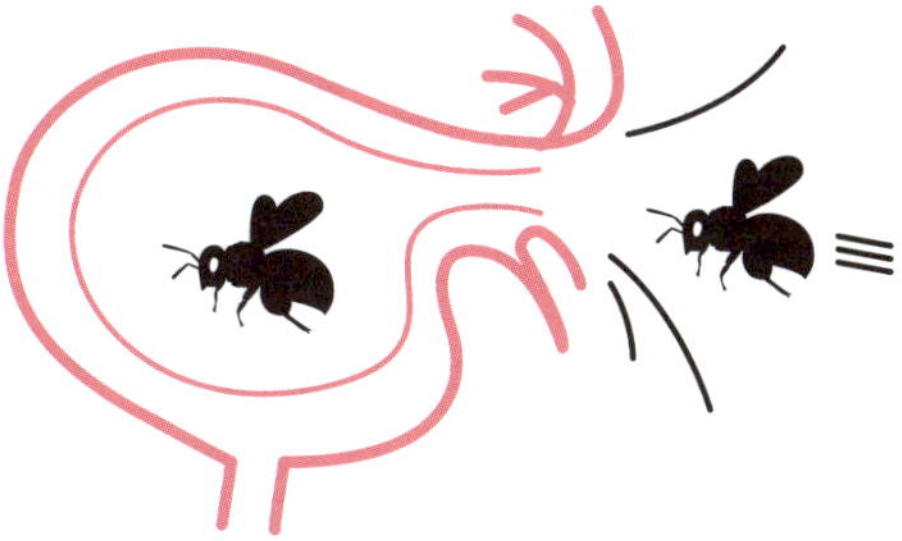

黒い花って世の中に存在しないの!?

～花の色素と交配～

受粉を助けてくれる虫などのパートナーを魅了しようと、花は色とりどりに咲き乱れます。

花の色を決める代表的な化合物は、フラボノイド、カロテノイド、ベタレインの3つに分類できます。多くの植物がフラボノイド系の色素を持っており、黄色から青色まで幅広い色を発色します。ブルーベリーに含まれる色素であるアントシアニンは、抗酸化作用の点から、健康食品の成分としてもよく耳にしますが、アントシアニンもフラノボイドの一種です。

カロテノイドは黄色からオレンジ色、赤色を出す色素の仲間です。黄色い花を咲かせる菊・バラなどの多くはカロテノイドを含みます。ニンジンに含まれるカロテン、トウガラシのカプサイシンもカロテノイドの一種です。

ベタレインは、オシロイバナ、サボテンの仲間などに含まれ、黄色から紫色を出す色素の仲間です。すべての花の色はこの3種の化合物が混ざりあってできているのです。

花の色素には黒は存在しません。虫は色を認識しますが、その目的は植物の花や葉を見分けることにあることから、黒を認識しないともいわれています。仮に黒い花をつけたところで、虫が寄ってこないのでは意味がありませんね。ちなみに、黒ユリなど、黒に近い色合いの花はアントシアニンが色濃く発現したもので、黒ではありません。

観賞用の花の多くは、人工的な交配を繰り返すことで、より鮮やかな色合いを生み出してきました。さらには遺伝子操作を行って、自然界に存在しない青いバラ（※）、青いカーネーションなどを作り出すことにも成功しています。

※ペチュニアから青色色素に関わる遺伝子を取り出し、バラに導入することで開発に成功した。

●花の色素

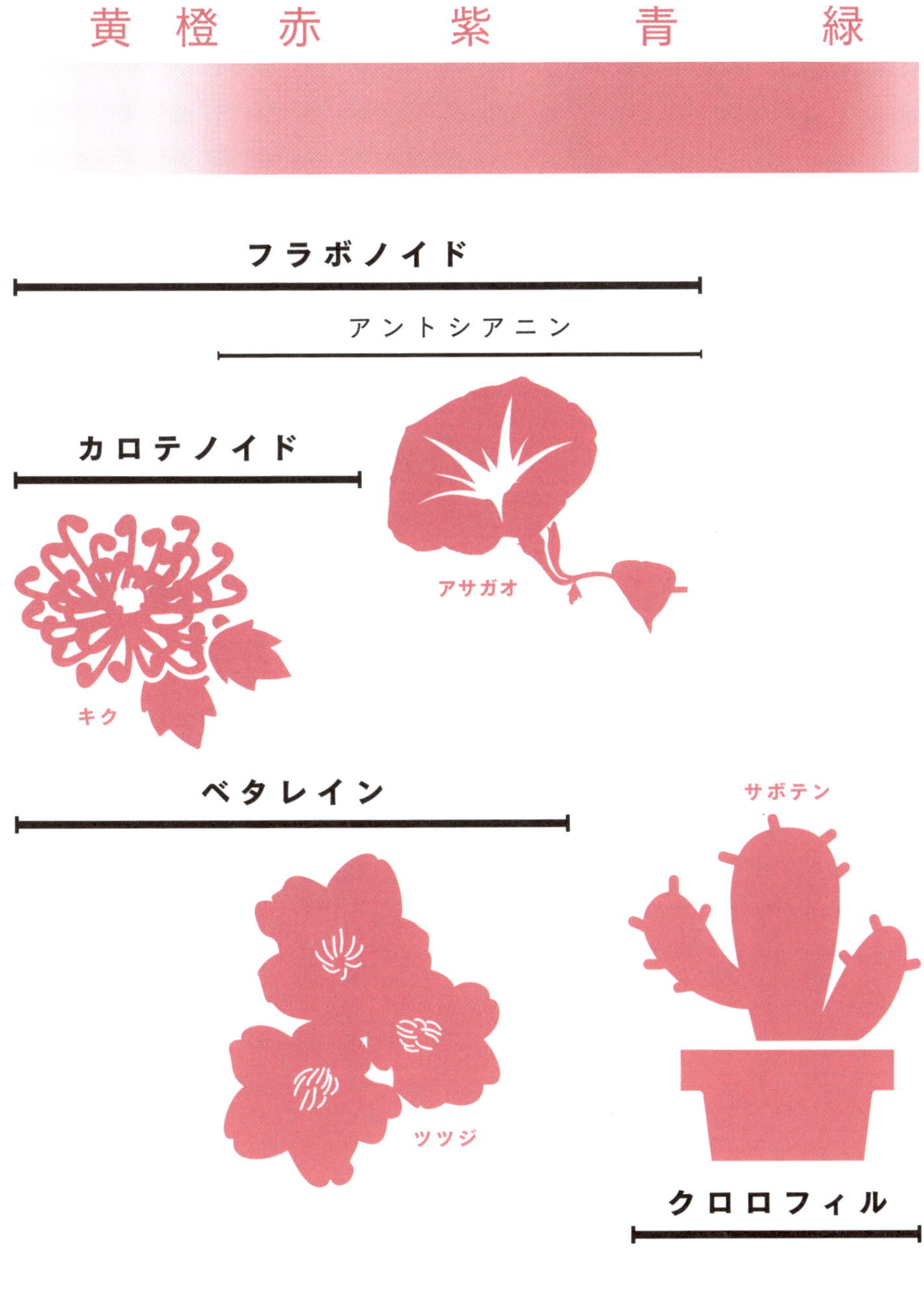
黄　橙　赤　紫　青　緑
フラボノイド
アントシアニン
カロテノイド
アサガオ
キク
ベタレイン
サボテン
ツツジ
クロロフィル

なぜバナナには種がないの!?

～遺伝子の突然変異～

種なし果実といえば、最近では品種改良によりぶどうや柿などで見られるようになりましたが、バナナが種なしになったのは、ここ最近の話ではありません。パプアニューギニアのクック遺跡では7000年から6400年ほど前にはバナナ栽培をしていた痕跡が見られます。そのバナナは、すでに種なしだったのではないかといわれています。

種なしバナナは、遺伝子の突然変異によって偶然に生まれたようです。**通常の生物は染色体を2本ずつ対《つい》で持っているのに対して、種なしバナナは、染色体を3本ずつ持つ三倍体です。**一般に三倍体の植物というのは、配偶子を作る減数分裂〈※〉がうまくできず、種ができにくいという性質を持っているのです。

人類にとって、それはありがたい変異でした。種のないぶん、栄養素豊富な果肉がぎっしりと詰まっているのです。しかもバナナは、「バナナの木」などと称されることがありますが、正確には草本《そうほん》（草）に分類されるもの。それほど背が高くなることもなく、容易に収穫できたのです。

種なしバナナを発見した当時のパプアニューギニア人は、挿《さ》し木（P58参照）や株分けなどをして種なしバナナを増やしていきました。それが今日にまでいたる種なしバナナのルーツで、現在においてもバナナの栽培は、基本的には同様の手法で行われています。

ちなみにバナナにある黒い粒々は、種なしバナナに残された種子の痕跡ですが、発芽はしません。果肉にぎっしりと種が詰まった野生の種ありバナナも現存します。フィリピンやマレーシアなど、地域によっては食べられているようです。

※染色体が半分に別れて配偶子ができること。

●三倍体ができるしくみ

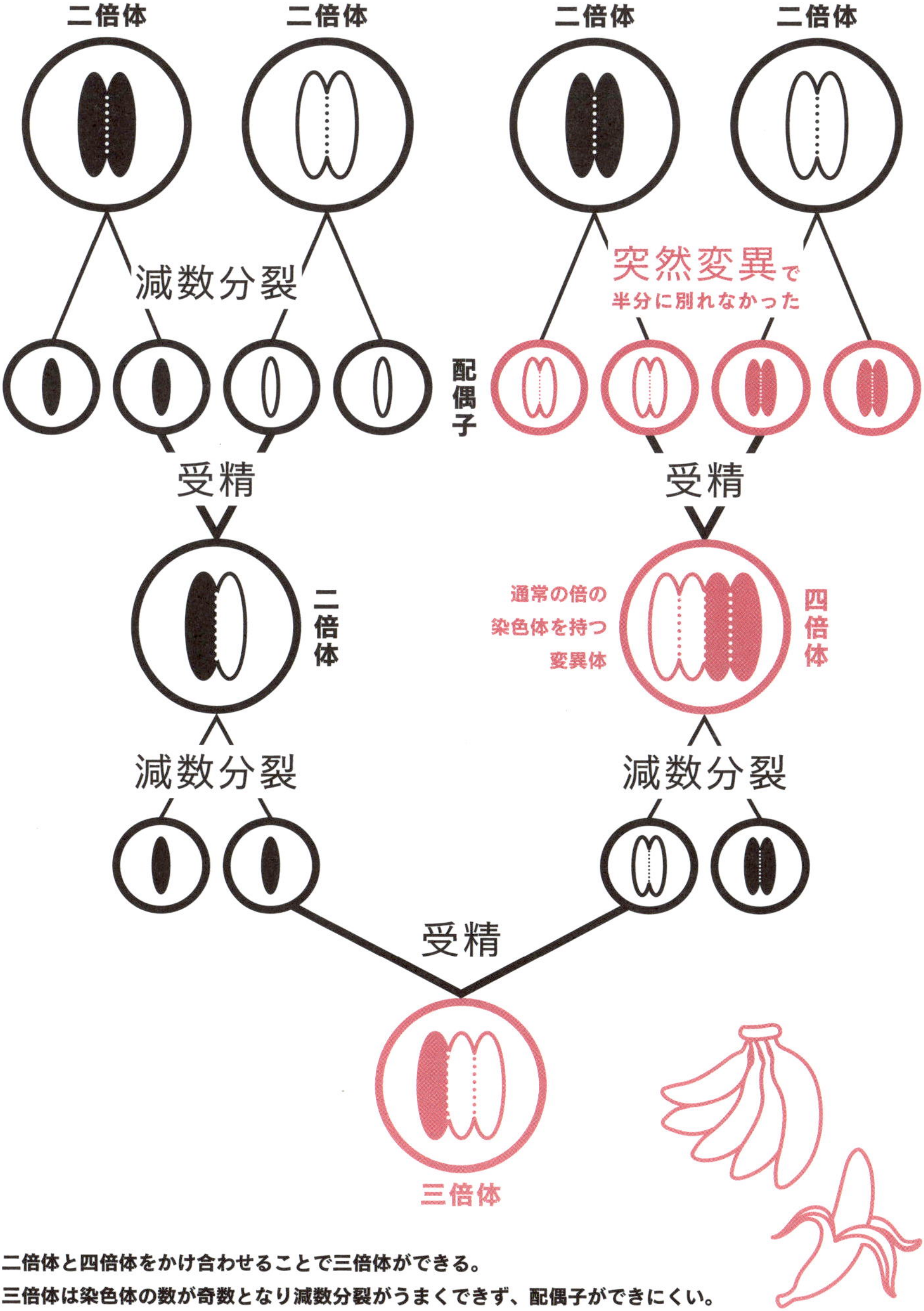

二倍体と四倍体をかけ合わせることで三倍体ができる。
三倍体は染色体の数が奇数となり減数分裂がうまくできず、配偶子ができにくい。

美しい花にはやっぱり毒がある?

～植物の二次代謝物～

「美しい花には棘《とげ》がある」は、世の男性に対する警句です。きれいなバラ（女性）があるからと安易に掴《つか》もうとすれば痛い目にあいますよということ。棘だけならまだしも、もし毒だとしたら…。

実は毒を持っている花は少なくありません。身近な例をあげていくと、アジサイ、スイセン、スズラン、チューリップ、シャクナゲ、オシロイバナ……。食用にする機会がないので、毒性が問題にされることはあまりありませんが、過去にはお料理に添えてあった飾り用のアジサイの葉を食べた十数人が中毒症状を起こしたというニュースもありました。

植物にとって毒性物質は、生体を維持するうえで必ずしも必要ではない代謝から産まれた物質で、二次代謝物と呼ばれます。

二次代謝物のなかの一種、アルカロイド系は、窒素を含む有機化合物で、多くのアルカロイドは他の生物に対して毒性を発揮します。ほかにもテルペノイド、フェノール、フェナジンなど、〝ヒトが興味を持った〟二次代謝物はそれらの生合成経路に基づいて分類されています。

人間は、植物の二次代謝物を古来より活用してきました。狩りには植物から抽出した毒を塗った毒矢を利用し、また病気の際には、細菌を殺す薬効のある植物を煎《せん》じて飲んだりしていました。現代においても、植物が作り出す化合物は、薬学、医学の進歩に大いに貢献しています。

二次代謝物に対して、一次代謝物とは、糖、アミノ酸、脂質、核酸など生物の生命活動に必須な代謝によってできる産物を指し、多くの生物に共通しています。

●毒を持つ花

アジサイ
嘔吐、めまい、顔面紅潮など

スイセン
悪心、嘔吐、下痢、流涎、
発汗、頭痛、昏睡，低体温など

スズラン
嘔吐、頭痛、めまい、心不全、
血圧低下、心臓麻痺など

チューリップ
嘔吐、皮膚炎など

●人間が利用する植物の二次代謝物

フェノール
- ポリフェノール
  - フラボノイド
    - アントシアニン
    - カテキン類
    - フラボノール
    - フラバノン
  - ポリフェノール
- フェノール酸

テルペノイド
- モノテルペン（リモネン、メントールなど）
- ジテルペン
- トリテルペン（リモニン、オウバクノンなど）
- セスキテルペン
- ポリテルペン（αカロテン、βカロテン、リコピン）
- カロテノイド

アルカロイド
- 真正アルカロイド（カフェイン、ニコチンなど）
- プソイドアルカロイド（カプサイシン、ソラニンなど）

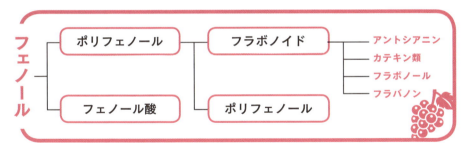

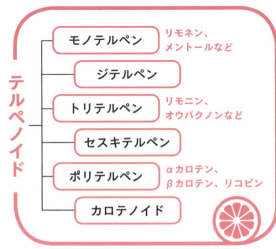

サボテンはなぜ砂漠で生きられるの？

～植物の環境適応～

　サボテンの原産地は、一部を除き、南北アメリカ大陸とその周辺に限られています。アメリカ合衆国アリゾナ州のソノラ砂漠は、年間降水量が多いところで250ミリメートル、少ないところで60ミリメートルしかありませんが、この地域の象徴ともいうべき存在のオオハシラサボテンが林立しています。サボテンはそんな厳しい環境下で、なぜ生きられるのでしょうか。

　サボテン最大の特徴は、分厚い、あるいは球状になった茎にあります。雨が降ると根から素早く水分を吸い上げ、茎の中に貯め込みます。

　光合成をする際にも、ひと工夫しています。一般的な植物は、昼間に気孔を開けて二酸化炭素を取り込んで光合成を行いますが、**サボテンは、昼間は水の損失を防ぐために気孔を閉じ、夜になって取り込んだ二酸化炭素をリンゴ酸に変えて一時的に貯蔵し、日中に再度リンゴ酸から二酸化炭素を取り出し、ブドウ糖の合成へと向かうのです。**水分が慢性的に不足し、昼夜の寒暖差が激しい砂漠の気候に適応した結果の工夫と考えられています。

　サボテンの独特な構造についても説明しましょう。特徴的なのは、スイカの黒い縞《しま》模様のような盛り上がりと、その上にびっしりとついているトゲです。前者は棘座《しざ》といって、これは短い枝にあたります。その上についている棘は、葉が変化したものです。棘座はうぶ毛のような細い毛で覆われることもあります。なぜこのような構造になったのかは、動物や昆虫の食害から身を守るため、強すぎる日光を少しでも遮るためなどと考えられています〈※〉。

※空気中の水分を摂るという役割も。雨が降らない場所でも、霧などの水分を取り込んでいる。

●サボテンの光合成

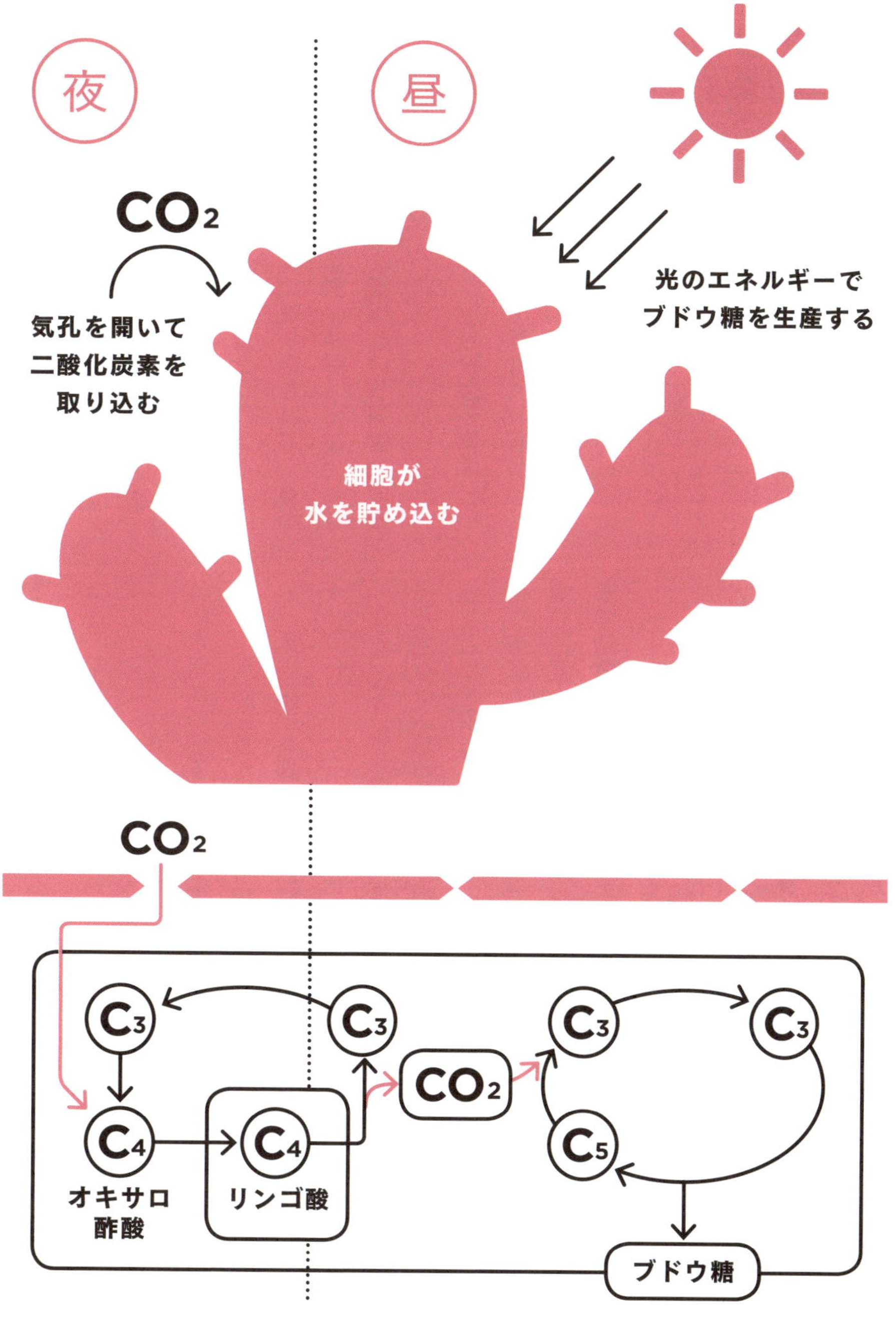
夜
昼
CO_2
気孔を開いて
二酸化炭素を
取り込む
光のエネルギーで
ブドウ糖を生産する
細胞が
水を貯め込む
CO_2
C_3
C_3
C_3
C_3
CO_2
C_4
C_4
C_5
オキサロ
酢酸
リンゴ酸
ブドウ糖

木の年輪で大昔の天候もわかる!?

～年輪気候学～

年輪は木の断面の同心円状の模様。一年にひとつずつその円が増えていきます。増えていくのは、形成層と呼ばれる細胞分裂が繰り返されている部分。内側へ分裂した細胞は木の組織（木質部）となり、外側に分裂した細胞は師部という栄養分の通り道になります。

四季のある日本では、形成層の細胞分裂は一年を通して均等に行われるわけではなく、**春には比較的大きく壁の薄い細胞ができ、夏以降は小さくて壁の厚い細胞ができ、秋から冬には細胞分裂をやめてしまいます。**大きくて壁の薄い細胞は白っぽく、小さくて壁の厚い細胞は黒っぽく見えるので、白黒交互の同心円となるのです。

年輪の成長量から過去の気候を推定する「年輪気候学」という研究分野があります。年輪幅の決定には、高緯度地方では主に気温、低緯度地方では降水量が影響することがすでに明らかになっており、樹齢数百年にもなる屋久島のスギの年輪から、気候変動を調べる調査研究などが行われています。

また、「年輪年代学」は同時代、同地域に成長した木々は年輪パターンが類似しているはずであることに着目し、年輪パターンによってその木材の生息した時代、地域を決定する学問です。年輪幅や密度など共通の年輪パターンの変化より、標準年輪曲線というものが算出されています。

ドイツ南部のリバーオークについては1万年前まで、アメリカ南西部のブリストルコーン松については8千5百年前まで遡《さかのぼ》れる曲線が作成されているそうです。標準年輪曲線に照らしあわせると、歴史的な住居跡や文化財に使われている木材の産出時代が正確にわかります〈※〉。

※大阪の池上曽根遺跡は、ヒノキの柱材から紀元前52年のものと判明し、弥生時代の実年代について当時の学説を覆す発見となった。

●年輪ができるしくみ

〈樹木の断面〉

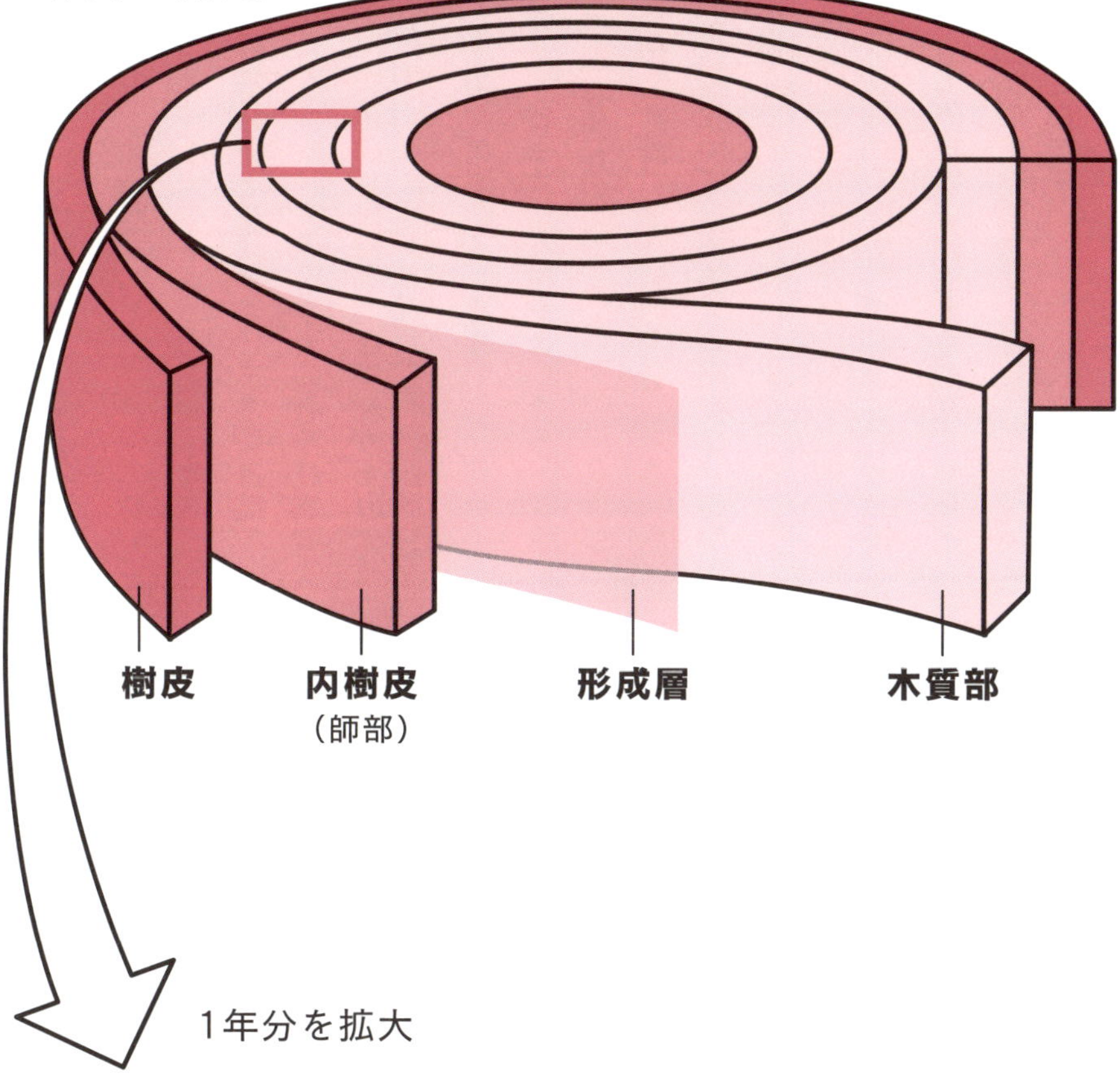

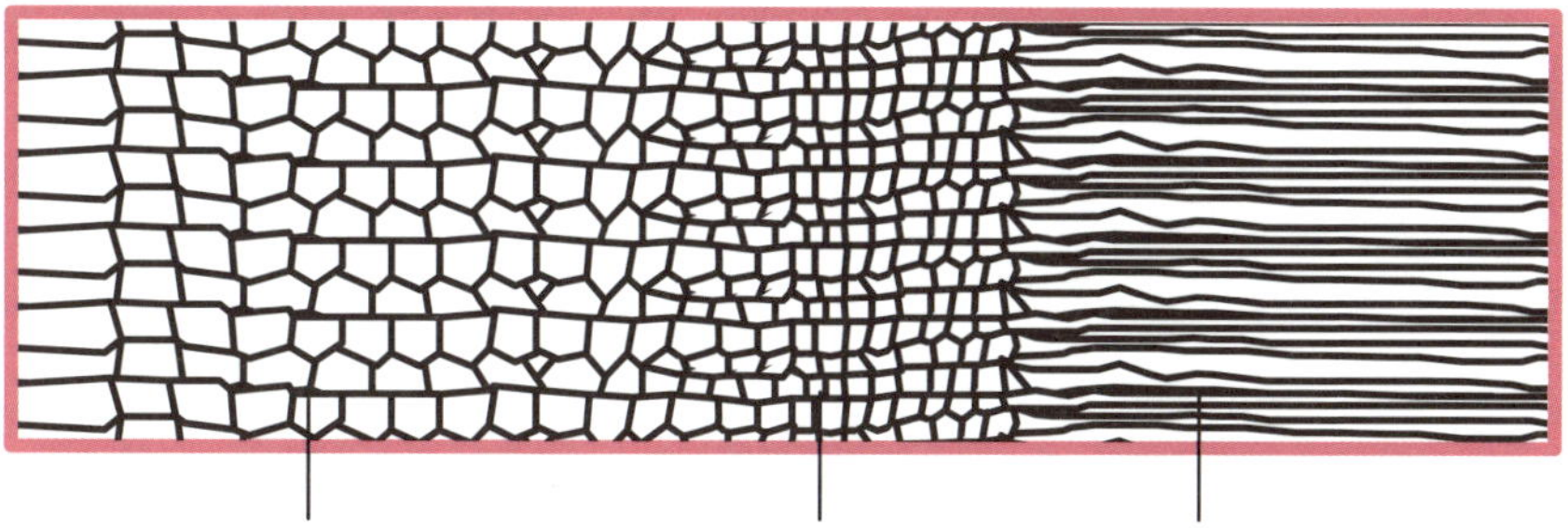

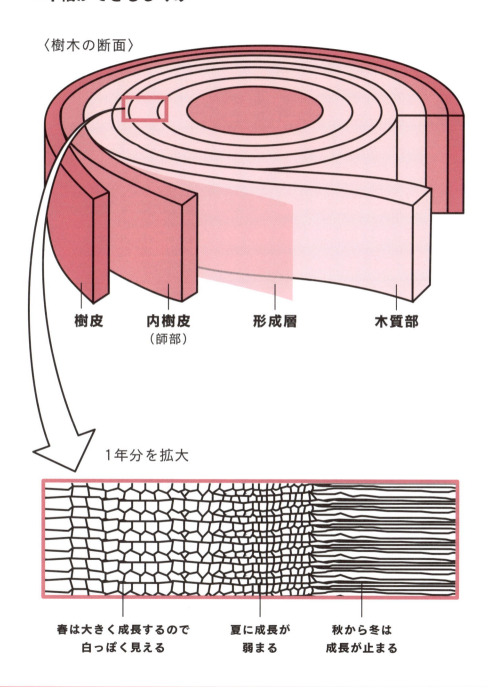

秋に紅葉するのはなぜ!?

～落葉樹と光合成～

秋に山々を彩る鮮やかな紅葉《こうよう》は、まさに自然のキャンバス。古くから多くの日本人の心をひきつけてきました。樹木には常緑樹、落葉樹がありますが、秋に色づくのは落葉樹です。紅葉には、どのようなメカニズムが働いているのでしょうか。

植物の葉のもっとも大切な役割といえば、光合成です。その中心的な役割を果たすのはクロロフィルという化学物質。葉緑素の別名もあるとおり、葉の色素にもなっています。落葉樹は、春から秋にかけて盛んに光合成を行いますが、秋になりやがて冬になると日照時間が短くなり、光合成で得られるエネルギーが減ってしまいます。葉を保っているよりも、いっそ光合成をやめて休眠してしまったほうが生存には有利になると、落葉という戦略をとったのです。

秋になるとクロロフィルが分解され、葉に蓄えられていた栄養分は幹に回収されます。同時に葉の付け根に離層が生じ、水分や栄養分を運ぶ通導組織が遮断され、葉は枝から切り離されます。これが落葉樹の葉を落とす仕組みです。

秋の彩りには、カエデに代表される紅葉と、イチョウに代表される黄葉《おうよう》があります。**紅葉はアントシアンという色素に由来します。クロロフィルが分解される過程で新たに生成されるものです。黄葉はカロテノイドという色素によります。**こちらは夏以前の葉にも含まれていますが、葉緑素の色の陰に隠れているため視認できません。**秋になるとクロロフィルの分解によって、残されたカロテノイドが目立ってくるのです。**

なぜ落葉前にわざわざアントシアンを生成するのかについては、光の害から生体を守るため、害虫から身を守るためなどの説があります。

●葉が色付くしくみ

● クロロフィル〈緑色〉
▲ アントシアニン〈紅色〉

クロロフィルが分解されるのと同時に
アントシアニンが生成される

● クロロフィル〈緑色〉
■ カロテノイド〈黄色〉

クロロフィルが分解されるので
カロテノイドが目立ってくる

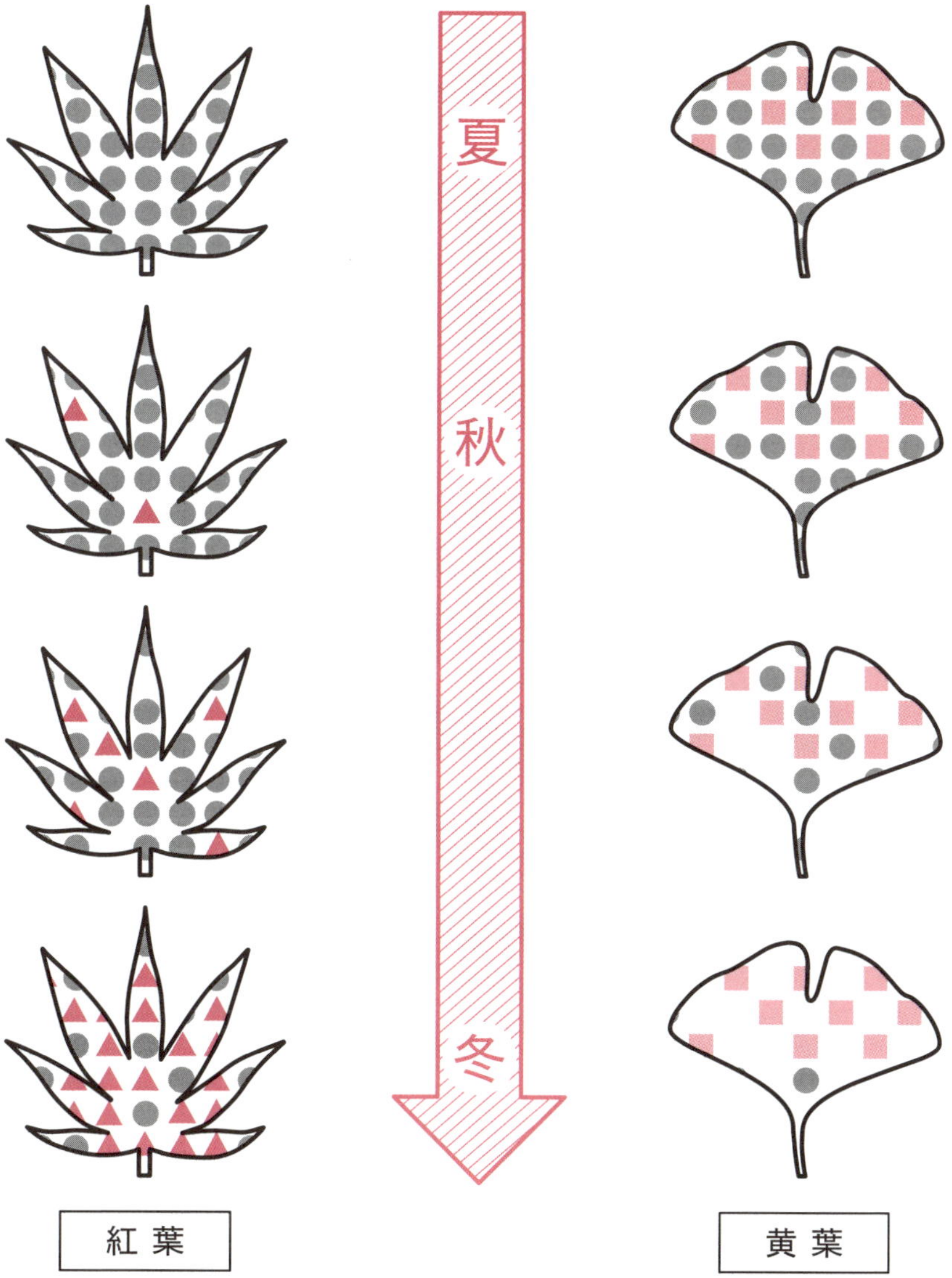

COLUMN 4

植物性タンパク質は体にいい？

～必須アミノ酸のはたらき～

近ごろ体重が気になって……。飽食の時代を生きる現代人にとって、体重増加とダイエットはきわめて身近な問題になっています。脂質の多い肉類を減らして野菜中心に。そう考える人も多いでしょう。体に必要なタンパク質も、植物性タンパク質で補えるし。でもその食事制限はちょっと危険かもしれません……。

わたしたちヒトは、生体維持に必要になるアミノ酸のうち9種類（必須アミノ酸）を体内で生成することができません。その分は食事から補う必要がありますが、全種類をバランスよく摂取しないと有効利用されないという特徴を持っています。9種類すべてを含むのは肉類・卵・乳製品などの動物性タンパク質です。一方の植物性タンパク質では、穀物や豆類に含まれてはいますが、9種類すべてをバランスよく含んでいるのは大豆以外にはありません。タンパク質の摂取に豆腐や納豆などの大豆加工製品が推奨されるのは、このためです。

ベジタリアンやヴィーガン（乳製品も摂らない）、あるいはダイエット目的の人も、穀物や豆類をバランスよく摂ること、大豆を摂ることで必須アミノ酸を補うことは可能です。ただし、植物性タンパク質は動物性タンパク質と比較すると、セルロースなどの影響から吸収性でやや劣るという面もあります。

コレステロール値を下げたいなど特別な理由がない限り、やはり動物性のタンパク質もきちんと摂取したほうがいいでしょう。

5章

ヒトのカラダのしくみと不思議

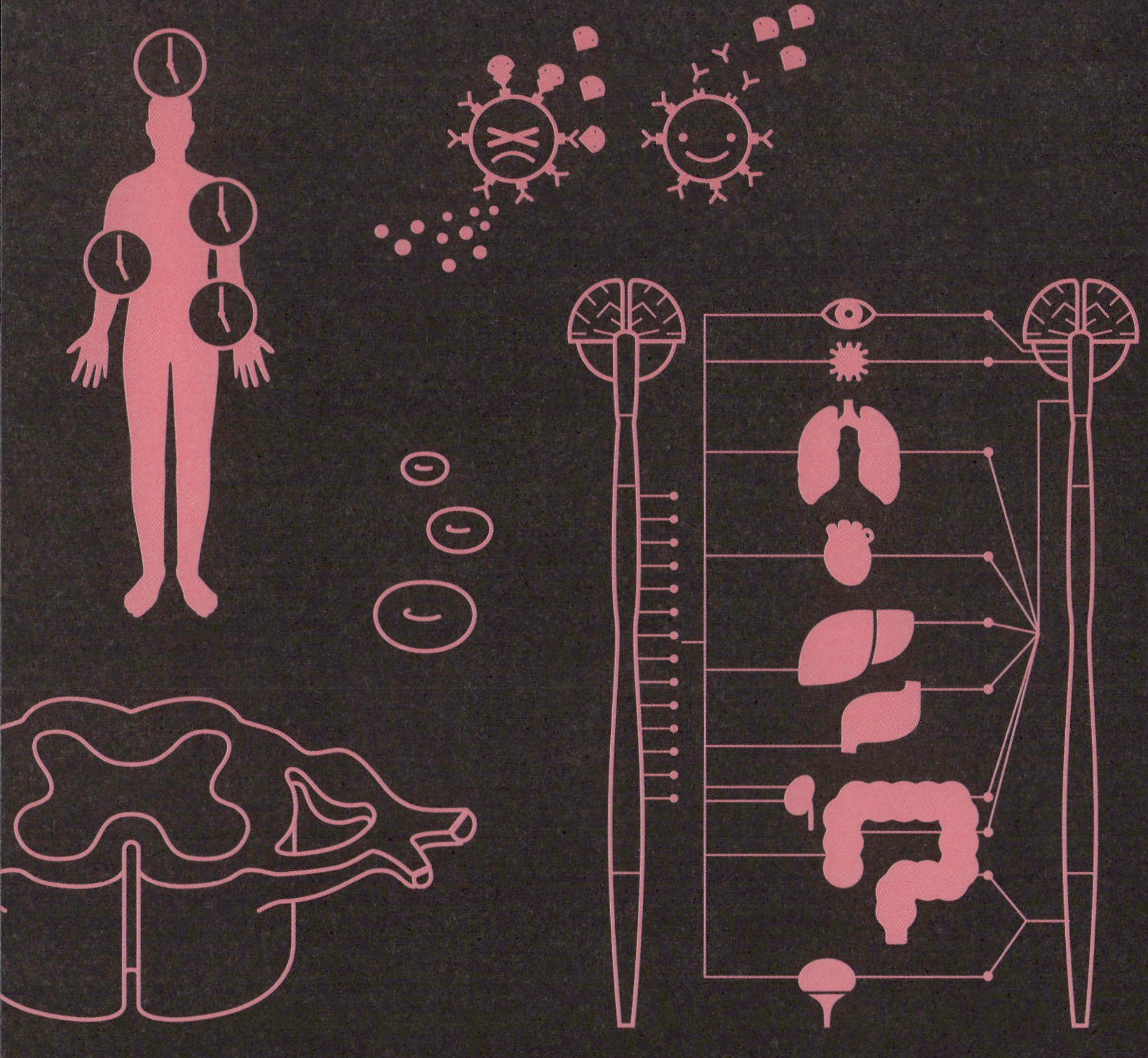

人間は酸素をどのように活用しているの？

～血液と酸素～

人間はもちろん生物は、生体維持や活動のためにエネルギーを必要としています。エネルギーの獲得のために必須なファクターはふたつ。ひとつは食物から得る栄養素、厳密にはブドウ糖です。そしてもうひとつは酸素。食物の摂取は常に意識して行っていますが、それに比べて酸素の取り込みを意識することは日常あまりありません。私たちは、どのように酸素を取り入れ、どのように利用しているのでしょうか。

大気はまず肺の肺胞という組織に送り込まれます。肺胞はブドウの房《ふさ》のようになっていて、肺の容積の85％を占めています。肺胞はまさにガス交換の場。そこに張りめぐらされた毛細血管中の血液に大気中の酸素が取り込まれると同時に、細胞から不要物として運ばれてきた二酸化炭素が肺胞に拡散されるのです。

血液中に取り込まれた酸素は、血液成分である赤血球内のヘモグロビンと結合し、体内の各細胞へと運ばれていきます。ヘモグロビンは酸素分圧が高いと酸素と結合し、また低くなると離れるという性質があるので、運搬役に適しています。

こうして体内の各細胞まで運ばれた酸素は、最終的には**細胞内のミトコンドリアでのエネルギー獲得に利用されます。**激しい運動をするほど呼吸が早くなりますよね。これは大量の酸素を必要としている証拠です。

人間の体内で平常時にもっとも酸素を消費しているのは、脳です。脳の重量は体重のわずか2％にすぎませんが、酸素消費量は全体の25％にも及ぶのです。人間にとって脳の活動がいかに重要かがわかりますね。

●血液による酸素の運搬

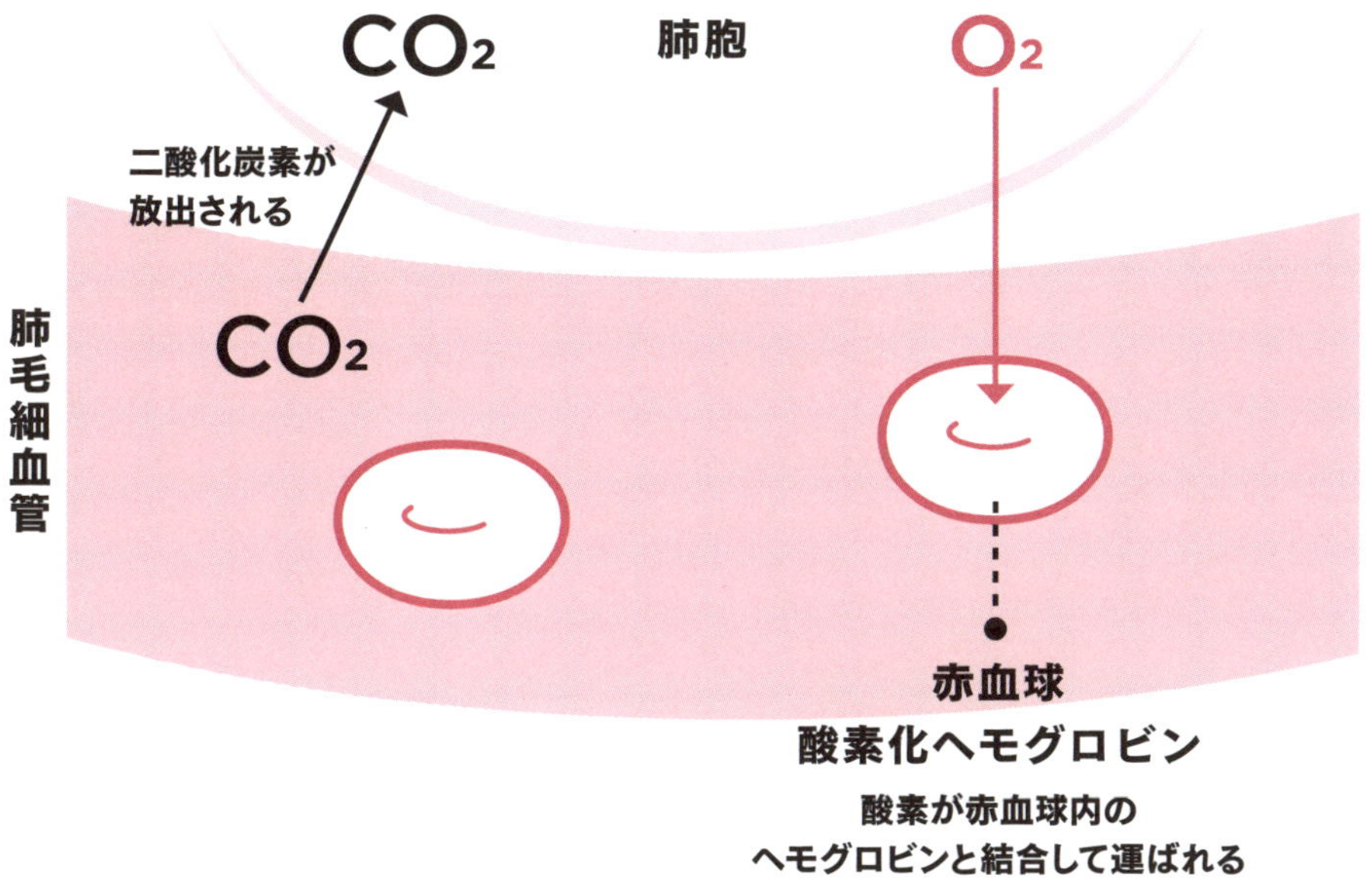

CO_2
肺胞
O_2
二酸化炭素が
放出される
肺毛細血管
CO_2
赤血球
酸素化ヘモグロビン
酸素が赤血球内の
ヘモグロビンと結合して運ばれる

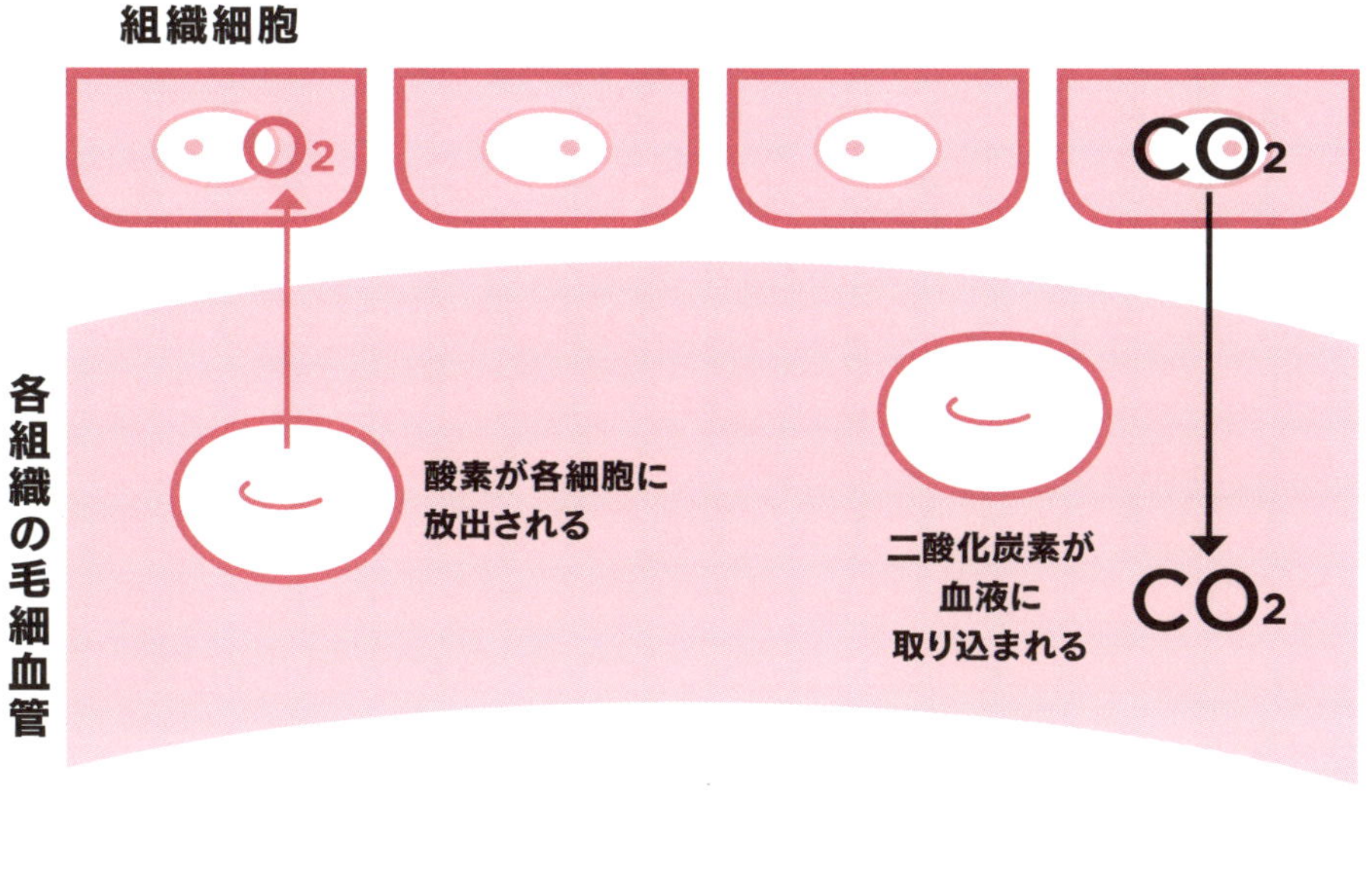

組織細胞
O_2
CO_2
各組織の毛細血管
酸素が各細胞に
放出される
二酸化炭素が
血液に
取り込まれる
CO_2

血液型占いの根拠と信ぴょう性

～ヒトの血液型の意味～

血液型による性格占いは一時期ブームを呼び、現在でも「あの子はA型だから几帳面」というような会話を耳にすることがあります。血液型と性格との関連性は科学的に説明できるのでしょうか？

日本では、東京女子高等師範学校（現お茶の水女子大学）の古川竹二教授によって1927年に『血液型による気質の研究』という学術論文が発表されました。さまざまな追加調査もされましたが、最終的にこの〝血液型気質相関説〟は学会によって明確に否定されました。

ABO式血液型とは、そもそも赤血球表面にある糖鎖《とうさ》構造の違いによる分類です。糖鎖とは糖が鎖《くさり》状につながった構造を持ち、たとえばA型はその糖鎖の末端にA型特有の糖（A抗原）を、B型はB型特有の糖（B抗原）を持っていて、AB型は両抗原を持っています。

さらに、A型は、B型抗原に対する抗体（抗B抗体）を持っています。A型の人にB型の血液を輸血すると、抗B抗体がB型抗原に対して攻撃を始め、一連の抗体反応によって、血液が凝固してしまいます。B型の人にA型の血液を輸血しても同じことが起こります。そのため、同じ血液型しか輸血ができないのです。

ちなみにO型は、A型B型共通の構造部分しか持っていません（※）。抗原を持たないO型の血液は抗体に攻撃されることはないので、O型の血液はA型、B型いずれの人にも輸血が可能です。

O型はおおらかな性格といわれることがあるようですが、いずれの血液型にも輸血できるという意味では、「O型の血液はおおらか」といえるかもしれません。

※O型の「O（オー）」は抗原を持たないという意味の「0（ゼロ）」であるともいわれている。

● ABO式血液型と糖鎖

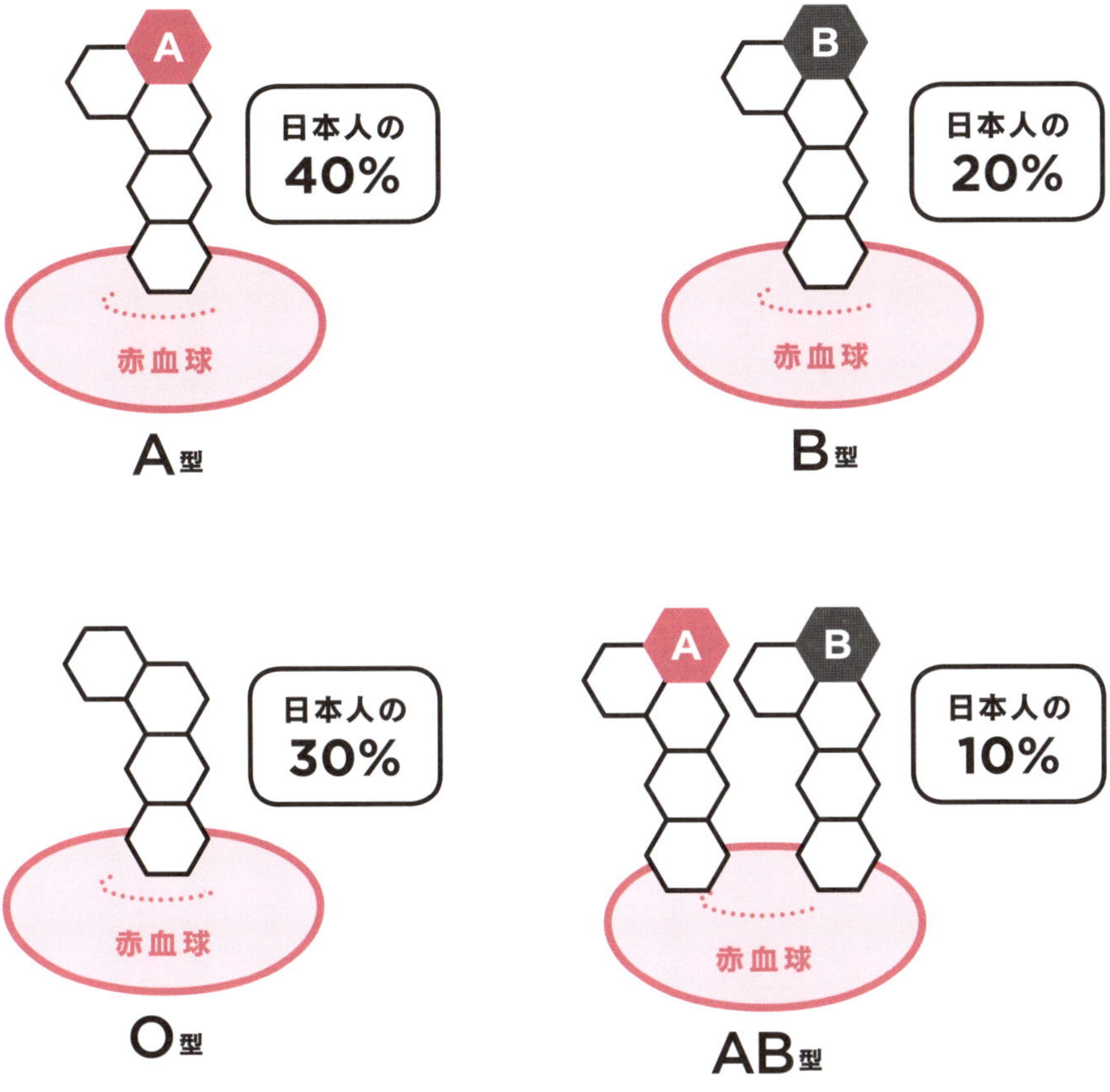

● 血液型が持つ抗原と抗体

血液型	A	B	O	AB
血球の抗原	A	B		A B
血漿の抗体	抗B抗体	抗A抗体	抗A·B抗体	

とっさの危機回避行動はどんなメカニズム？

～体性神経の役割～

「危ない!!」突然、そんな声を耳にしたら、あなたはどう行動するでしょう。大半の人は頭を手で覆い、身をすくませることでしょう。そんなとき、私たちは考える間もなく体を動かしているはずです。いったい、どんな反応が起きているのでしょうか。

「危ない」の声は、耳から感覚神経を通って、脊髄に到達します。**情報が大脳に伝えられることなく、そこからすぐに折り返し、運動神経を通って筋肉を動かします。**これは生体防御のための、いわば緊急システムで、無条件反射と呼ばれます。大脳を通らず経路も短いので、反応も速い。まさに、考える間もなく身体を動かしているといえるのです。

こうした運動をつかさどる神経を体性神経系といいます。自律神経と並んで末梢神経系を構成するもので、感覚神経と運動神経からなります。自律神経（P94参照）が植物性神経系と呼ばれるのに対し、体の知覚、運動を制御する器官のため、動物性神経系とも称されます。

平常時の体性神経の働きについても触れておきましょう。たとえば、寒い日に薄着で外出したとします。その際、皮膚感覚から生じる寒いという情報は脊髄に伝えられ、脊髄はその情報を大脳へ伝えます。ここで大脳は、「寒い」という状況を言葉で認識し、考えるという作業に入り、コートを羽織ろう、建物の中に入ろう、との命令を出します。この命令の信号はもう一度脊髄を通って、運動神経が筋肉に伝え、実際にコートを羽織るなどの行動に移るのです。

●通常の行動と反射の経路

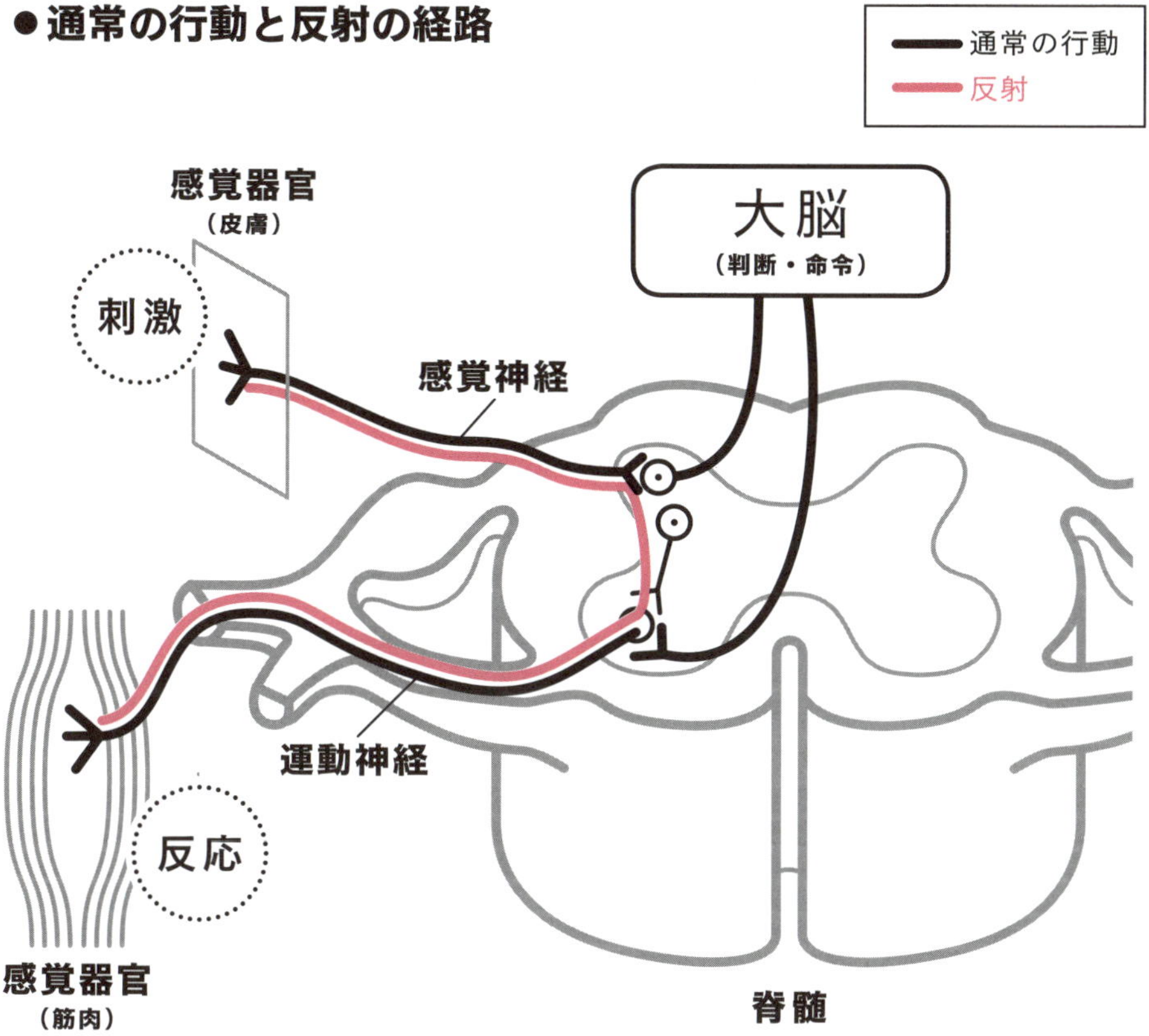

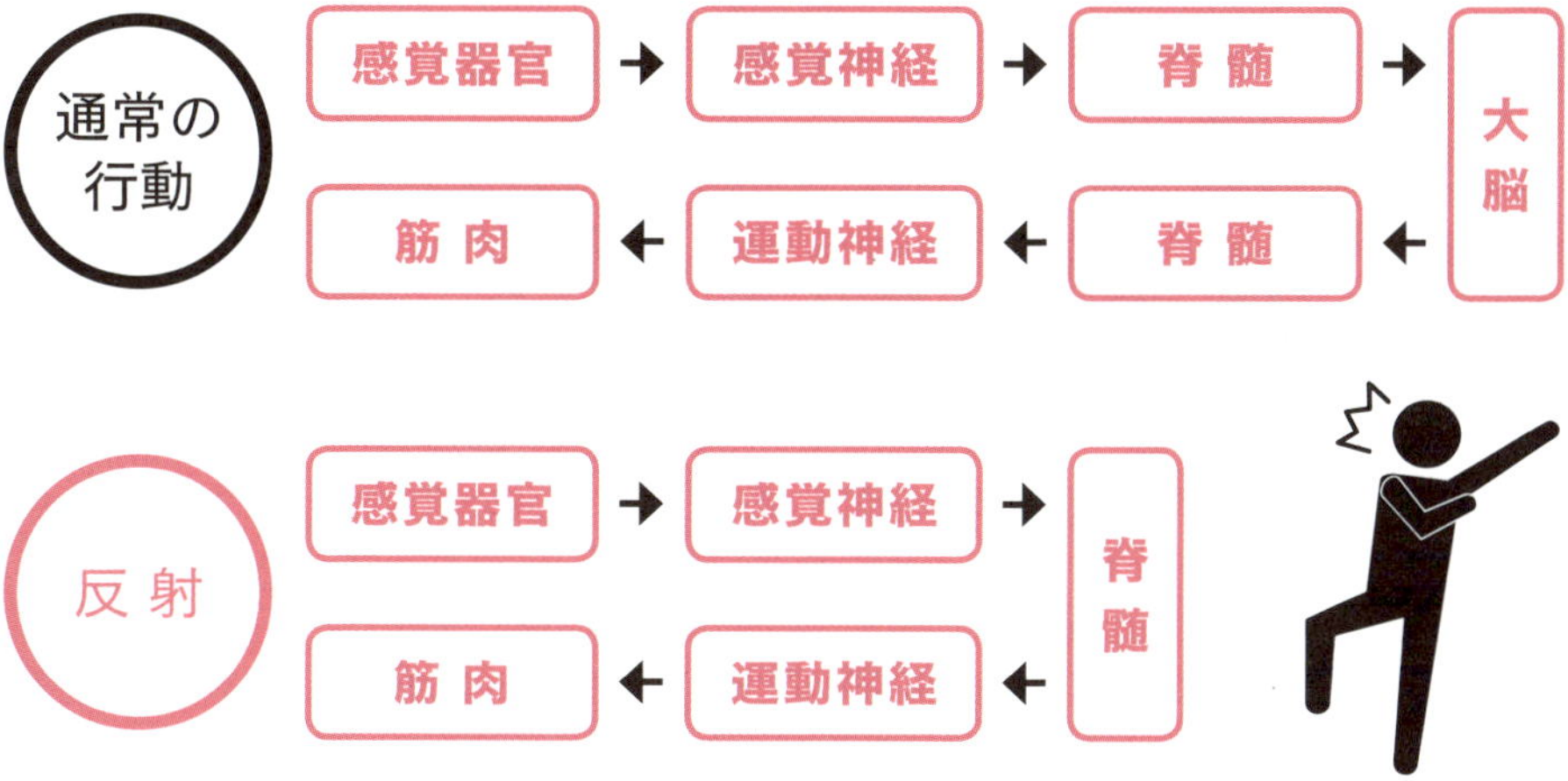

悔し涙は塩辛いってホント？

～自律神経の役割～

いまや夏の風物詩ともなっている高校野球。球児たちの闘志あふれるプレーももちろんですが、若い彼らのひたむきさもまた魅力。勝者があげる雄たけびと敗者が流す悔し涙のコントラストは、残酷ではありますがまた美しいものです。

ところで、悔《くや》し涙って、感動するときに流す涙よりも塩辛いって知っていましたか。

まずは涙の仕組みについて解説しましょう。涙を出すそもそもの目的は眼球の保護にあります。上まぶたの内側にある涙腺《るいせん》から水分を分泌し、乾燥を防いでいるのです。涙の成分は、98％が水。そのほかナトリウムやタンパク質が含まれています。

涙腺の動きを支配しているのは主に自律神経。**自律神経とは、体温調整、呼吸など、生命維持のための活動を支配する神経です。自律神経には、興奮・緊張・ストレス時に働く交感神経と、睡眠中などリラックス時に働く副交感神経があります。**

涙が出る、いわゆる「泣く」という状態は、自律神経の作用によって起こります。悔し涙や怒りの涙を流すような場面では、交感神経が優位に作用します。感情が高ぶり興奮状態になると、腎臓でのナトリウムの排泄《はいせつ》が抑制され、体液のナトリウム濃度が上がってしまうことから、涙は塩辛くなります。

反対に、感動の涙やうれし涙が流れるときは、副交感神経が作用しています。リラックスしている状況では、体液のナトリウム濃度は上がりません。

高校球児たちが持ち帰る甲子園の砂は、彼らの汗と涙の成分が混じって、さぞ塩辛いことでしょう。

●自律神経の分布と働き

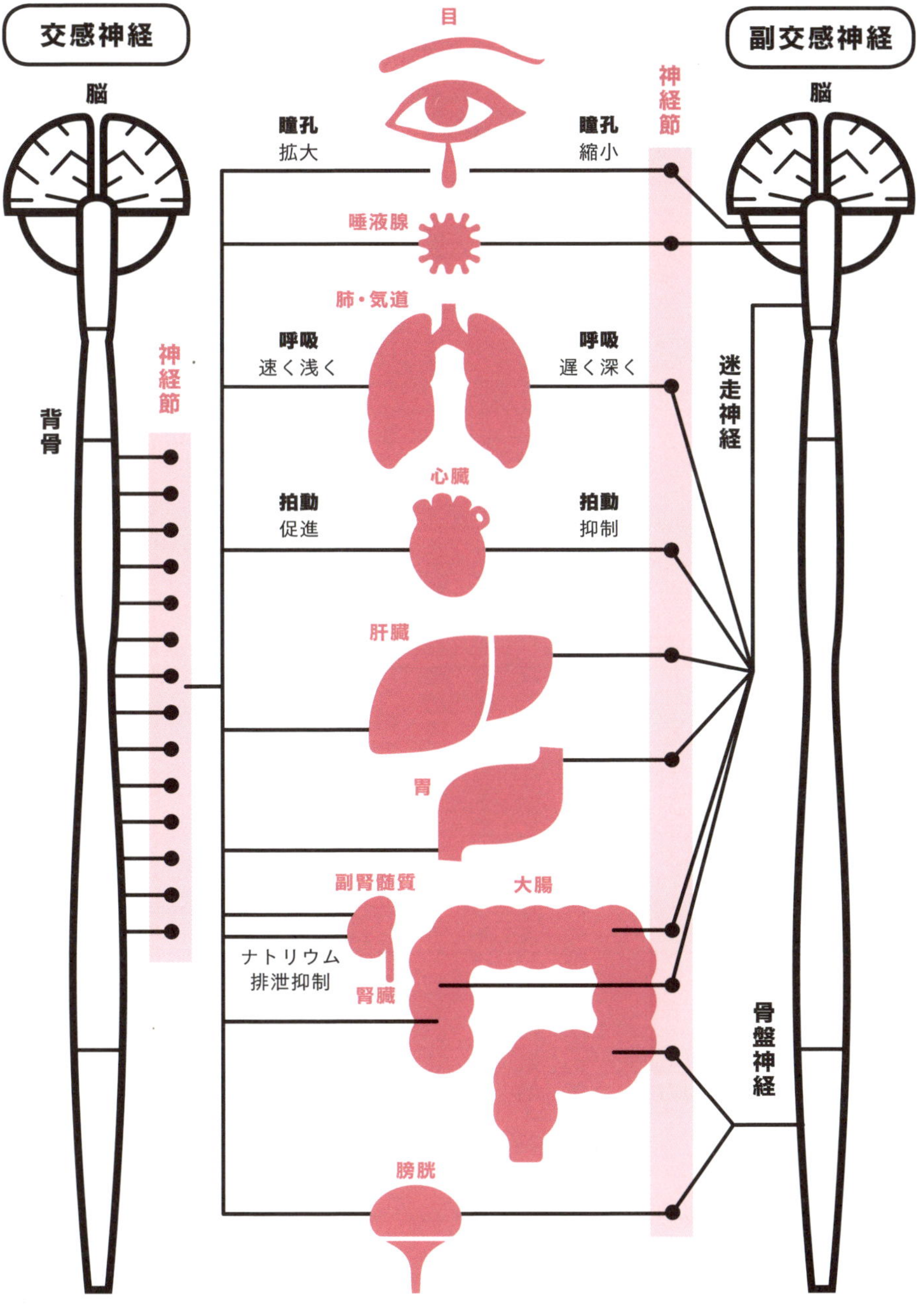

交感神経
副交感神経
目
脳
脳
神経節
瞳孔
拡大
瞳孔
縮小
唾液腺
肺・気道
呼吸
速く浅く
呼吸
遅く深く
迷走神経
神経節
背骨
心臓
拍動
促進
拍動
抑制
肝臓
胃
副腎髄質
大腸
ナトリウム
排泄抑制
腎臓
骨盤神経
膀胱

腹時計より正確！ 体内時計のしくみ

～体内時計の役割～

　私たちは、夜になると眠くなります。朝になれば目が覚めます。とくに意識しなくても、睡眠と覚醒《かくせい》のリズムはほぼ一定になります。これは体内時計と呼ばれる生体機能によるもので、概日《がいじつ》リズムまたはサーカディアンリズムと呼ばれます。

　その名のごとく、周期は基本的には24時間。**地球の自転周期に合わせて生物が獲得した生理現象です。**ただしヒトの場合、個人によって多少の誤差があり、周期の長い人や短い人は体内時計の調整に苦労し、夜更《よふ》かしや睡眠不足といった事態に陥《おちい》りやすい傾向にあることも指摘されています。

　体内時計をつかさどるのは脳の視交叉上核《しこうさじょうかく》です。朝、網膜から取り込まれた光を感じることで、周期をリセットし、睡眠ホルモンとも呼ばれるメラトニンの分泌を止め、体を活動的な状態にします。内蔵の各器官もまた、それぞれ体内時計を備えています。たとえば心臓は、活動する日中には血圧を高くし、夜には下降させます。

　体内時計のリズムの乱れは、睡眠障害の原因になります。もっとも典型的な例は、外国旅行などで現れる「時差ボケ」です。また都市部で暮らす人間は昼夜の境があいまいになりやすいことから、不眠を発症する人の割合も多いと考えられています。高齢者が夜中に目を覚ましたり、早起きになったりするのも、体内時計の調整機能の衰えに起因するとみられています。

　体内時計の周期リズムが24時間を正確に刻むことができるのは、全身の細胞内に存在する時計遺伝子の働きによるものです〈※〉。視交叉上核が各時計遺伝子を同調させるためのコントロール役を果たしていることも判明しています。

※2017年度ノーベル医学生理学賞は、体内時計を生み出す遺伝子機構の発見に対して贈られている。

● 1日を刻む体内時計

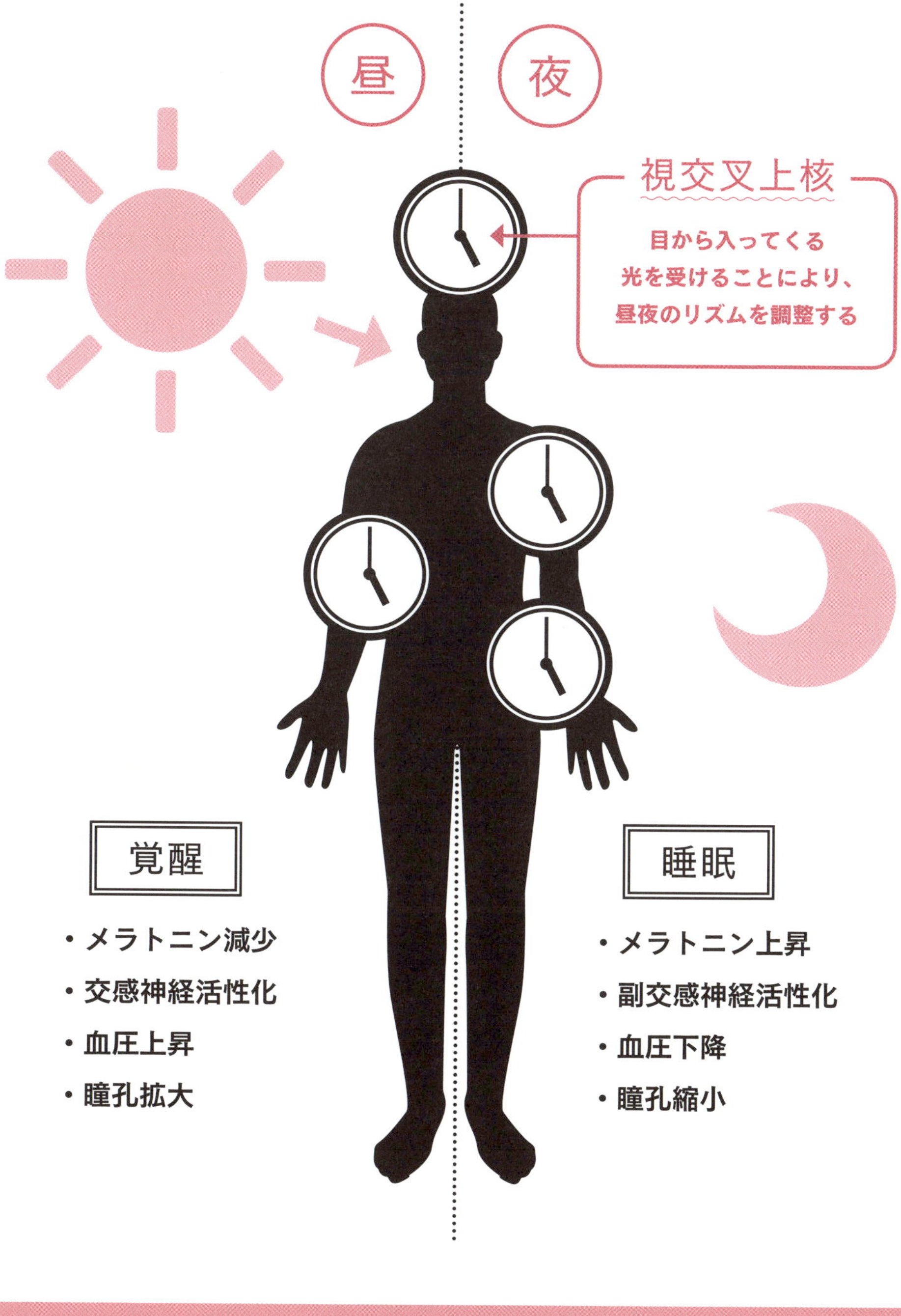
昼
夜
視交叉上核
目から入ってくる
光を受けることにより、
昼夜のリズムを調整する
覚醒
・メラトニン減少
・交感神経活性化
・血圧上昇
・瞳孔拡大
睡眠
・メラトニン上昇
・副交感神経活性化
・血圧下降
・瞳孔縮小

「くすぐったい」感覚のフシギ

～刺激受容器と適刺激～

こちょこちょこちょ。赤ん坊の足裏を指先で刺激すると、体をよじりながら笑います。くすぐったい、とは、皮膚感覚による反応のひとつです。どういうメカニズムで起きるものなのか、アリストテレスやダーウィンといった偉人たちも、くすぐったさの謎について考察してきたといわれています。くすぐったさにはどんな意味があるのでしょうか？

目や耳など刺激を受け取る受容器は、**「適刺激《てきしげき》」という特定の刺激のみを受け取れる仕組みになっています。**たとえば、視覚に対する光、聴覚に対する音がそれにあたります。

皮膚の適刺激は、触覚に対する機械的な刺激、痛覚に対する強い圧力や熱、温覚・冷覚に対する高温低温の刺激があげられますが、その意味ではくすぐったいが適刺激となる感覚器は存在していません。

ただ、首筋、脇下、手の甲、太ももの付け根、足裏など、くすぐったさを感じるのは、いずれも動脈が近くに通っている部位で、自律神経系の細胞も多く、外的刺激に対して敏感な部分といわれています。

ねずみを使った脳神経レベルでくすぐったさについて追究した実験では、**くすぐったいときと遊んでいるときには同じような反応が見られ、また不安な状況ではくすぐっても反応は見られず、さらに、くすぐろうとする動作を見せるとそれだけで、くすぐったい反応は起こることがわかってきました。**

「くすぐったい」には単なる皮膚感覚ではなく、複雑なメカニズムが働いているようです。

●適刺激の受容と感覚の発生

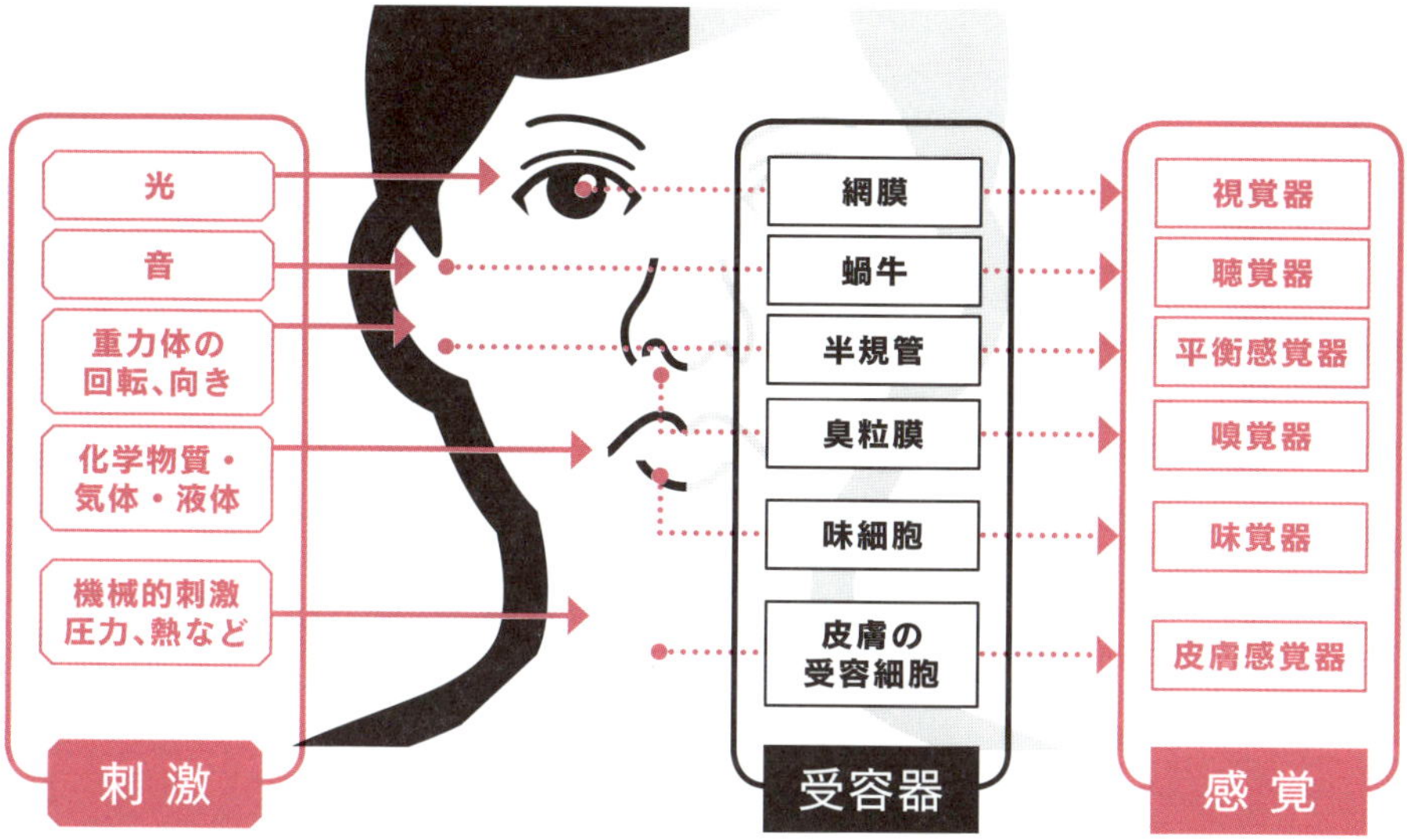

味覚情報の伝達

食べ物の味物質は舌上の感覚器で受容される。受容された味の刺激は細胞内でさまざまな伝達経路を経て神経に伝えられ、神経は味の刺激を電気信号に変換して脳に伝え、味覚が発生する。

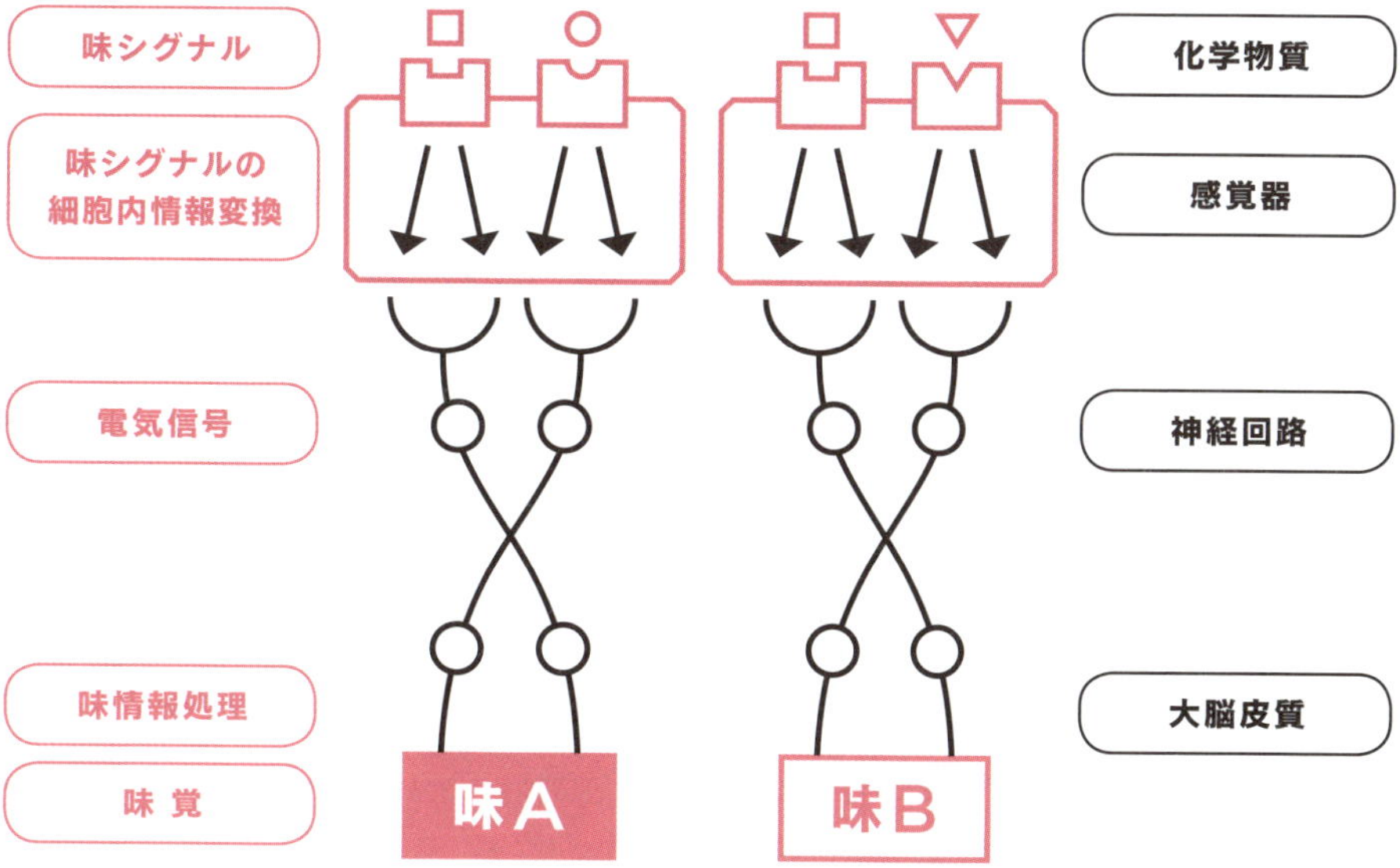

花粉症はもう怖くない？

～免疫とアレルギー～

春の訪れは、桜の開花より前に、いち早くスギやヒノキの花粉で知らされてしまう……。そんな人も多いことでしょう。花粉症に限らず、近年、アレルギーに悩む人は増加傾向にあります。

免疫システムとは、敵から体を守る仕組みです。体外から侵入してきた異物を排除するために働きます。この免疫反応が過剰に起こることをアレルギーといいます。本来外敵でも何でもないものが体に入ってきたときに、免疫系が勘違いをして反応をしてしまう、**アレルギーはいわば免疫システムの暴走です。**

アレルギーの原因になる物質、アレルゲンは多岐にわたります。花粉、ハウスダスト、ダニなどの外的環境に起因するもののほか、小麦やそば、ゼラチンなど食物の場合もあります。アレルギーを引き起こす原因は、生活環境や遺伝の影響が指摘されていますが、まだ解明に至っていません。

２００８年に行われた全国規模の調査では、国民の約30％が花粉症を有していると報告されています。実に約３・３人にひとりの割合で、深刻な現代病といえるでしょう。**花粉症の治療は、大別すると薬物療法、手術治療、減感作療法の３つ。このうち減感作療法が、花粉症の根本的な治療に有効なのではないかと注目を集めています。**免疫系の勘違いを正すために、ほんの少しずつアレルゲンを体内に入れていくと、これって、なんだっけ？　外敵だったかな……。という具合に過剰に反応することがなくなるようです（※）。

ただし、どれだけ治療を続けたら効果が長く続き、もっとも効率的かなど、検証を重ねる必要があるとのこと。花粉症のつらい症状が治癒に向かう日は、そう遠くないかもしれません。

※スギ花粉エキスを舌の下にたらしアレルギー改善を目指す「舌下免疫療法」が2014年から保険適用になり、患者の経過報告が続けられている。

●アレルギーのしくみ

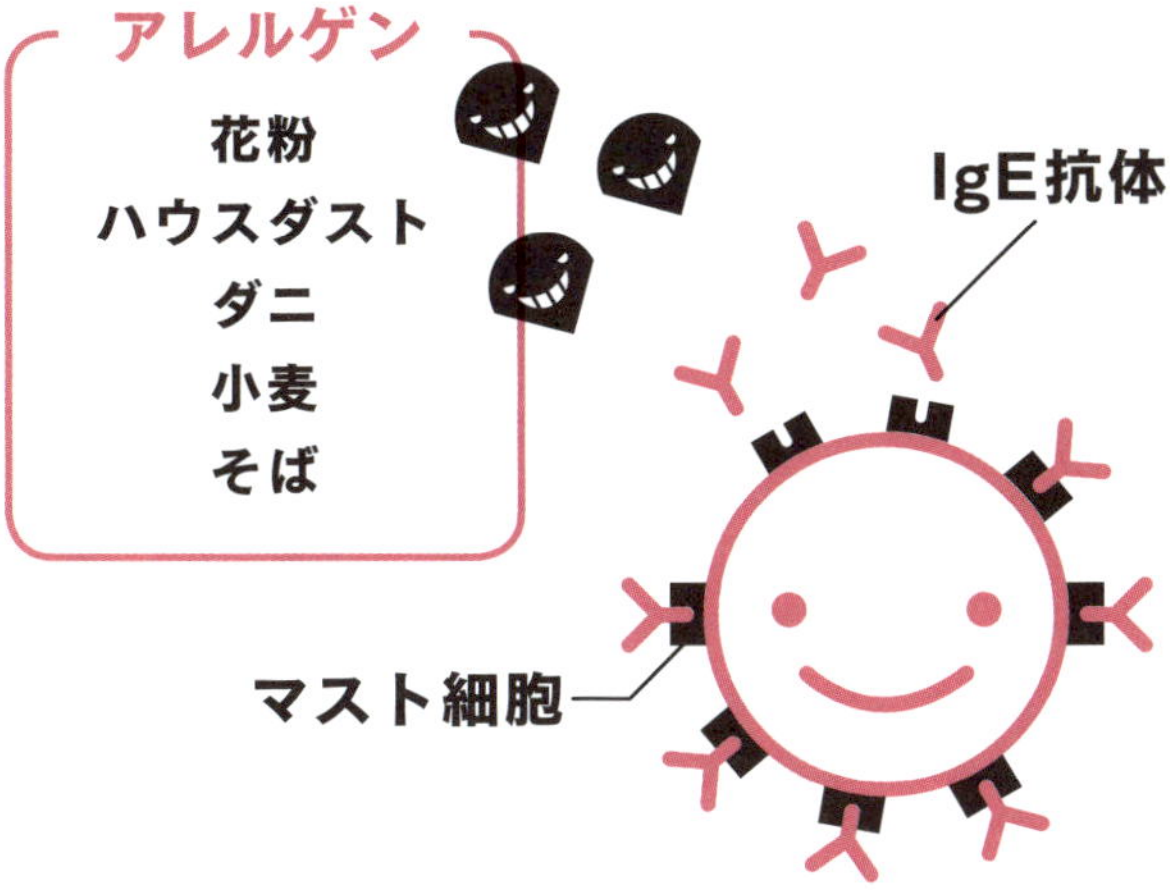

アレルギーを引き起こす原因となる物質をアレルゲンという。アレルゲンが体内に入ると、IgE 抗体というタンパク質が作り出され、皮膚や粘膜にあるマスト細胞の表面に結合する。

アレルゲンが再侵入し IgE 抗体と結合すると、マスト細胞内のヒスタミンが一気に放出され、かゆみや鼻水などのアレルギー反応が起こる。

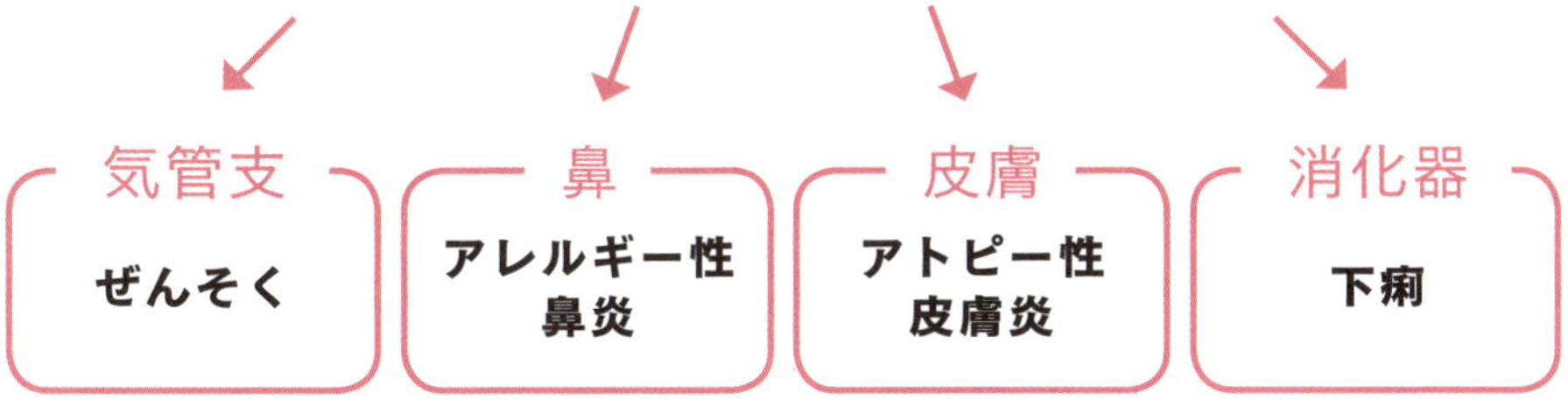

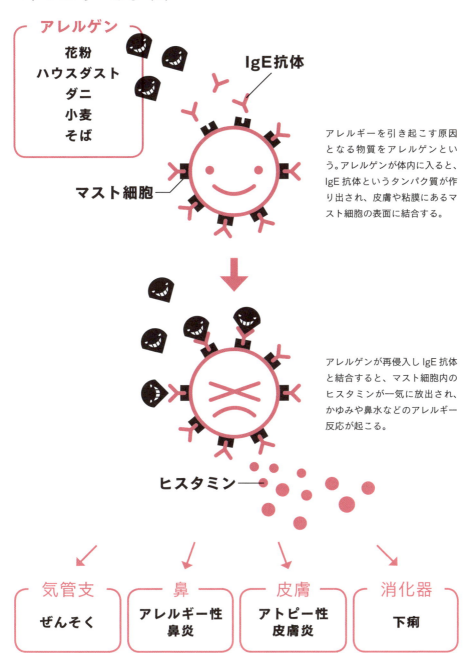

大人も子どもも「寝る子は育つ」！

～睡眠と脳～

いやあ、昨日3時間しか寝てなくてさあ——。「働き方改革」が問われている日本社会ですが、朝になると、忙しさをアピールする寝不足自慢が聞こえてくるあたり、その道のりは険しそうです。睡眠不足は能率の悪さに繋がります。なぜ睡眠が不足すると能率が悪くなるのでしょうか。そこには脳の働きが大きく影響しています。

脳は日中の覚醒時には、体内のおよそ20%ものエネルギーを消費します。まさに大型のエンジンを積んでいるようなものですね。そのまま動かし続ければオーバーヒートしかねない。ちょっとクールダウンさせよう。それが睡眠の大きな目的です。

睡眠にはレムとノンレムの2種類があり、一晩のうちに4～5回繰り返されます。浅いレム睡眠は、精神疲労の回復や記憶の整理を担当しています。このときに夢を見ます。つまり、脳は完全には休まってはいないわけです。一方、深いノンレム睡眠時には、ヒートアップしていた脳の温度が下がり大脳を深く休ませます。

また、**睡眠中は、成長ホルモンが分泌されます。**「寝る子は育つ」といいますが、成長期に限らず、成長ホルモンの分泌は組織の修復や再生など体のメンテナンスに関わりますし、代謝のコントロールもします。

さらに、最近の調査研究では、**脳は眠っている間だけ神経細胞から有害物質を除去する作業をしている**ことがわかりました。睡眠時は脳細胞が収縮し、脳脊髄液〈※〉が流れやすくなるのです。

睡眠不足は、こうした老廃物の排出を阻害し、その結果疲労を溜め込み、健康被害をもたらします。睡眠はしっかりとりたいものです。

※脳や脊髄を機械的衝撃から保護し、代謝産物の排出を排出する機能を持っている。

●睡眠の周期と成長ホルモンの分泌

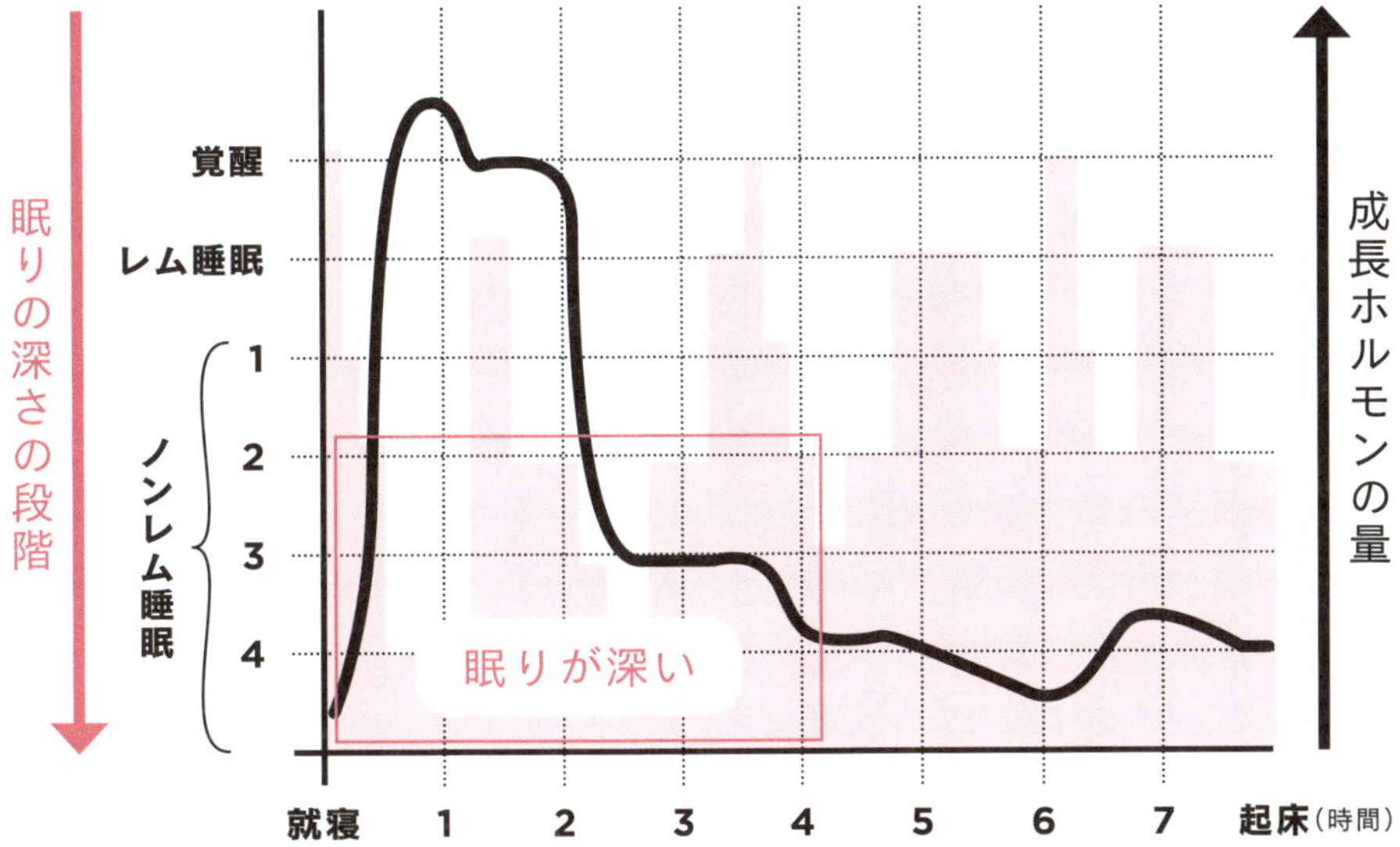

●成長ホルモンの働き

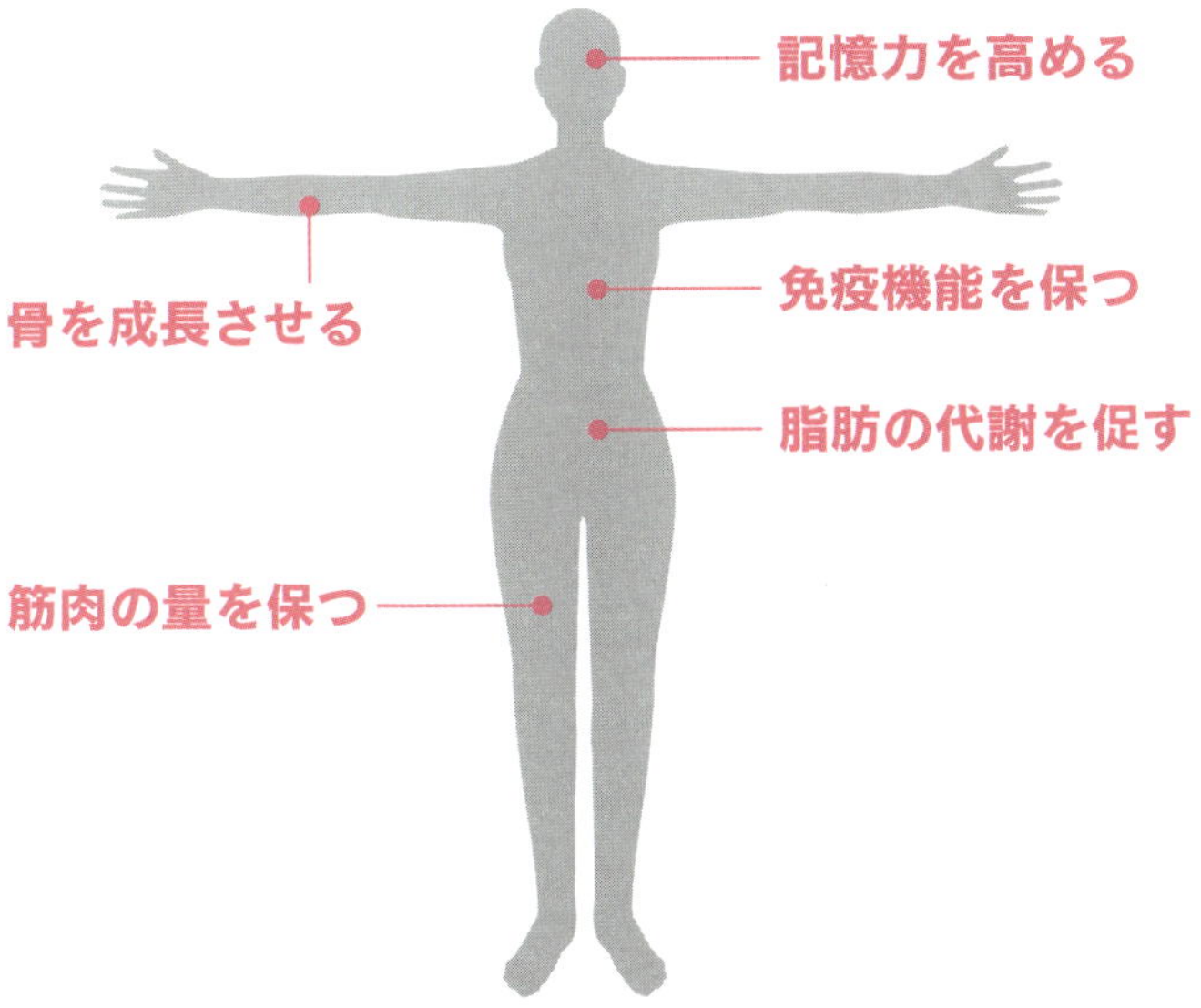

がんはいつか治療できる日がくる？

～がんと治療最前線～

日本におけるがんによる死亡率は死因の28・5％を占めます。第2位の心疾患15・1％、第3位の肺炎9・1％を大きく引き離しての1位。実に国民の3・5人に1人ががんで亡くなっていることになります。〈※〉

ヒトの細胞はおよそ60兆個。正常な状態では、これらは分裂・増殖しすぎないようにコントロールされています。がんとは、正常な細胞の遺伝子に傷がつくことにより、コントロール不能に陥り増殖し続ける、いわば細胞が暴走した状態です。人類はこれまで、ペスト、結核など、「不治の病」といわれた病気と戦い、克服してきました。同様に、がんを克服できる日は来るのでしょうか？

現在、最も注目されている最新の治療法は、がん免疫療法です。免疫療法は、手術、抗がん剤に代表される化学療法、放射線治療に次ぐ第４の治療法とされ、患者自身の免疫システムを活性化させてがんを攻撃させるという、これまでにない新しいタイプの治療法です。がん細胞を認識し攻撃できる抗体を投与する、あるいは、がん細胞に特徴的な目印を人工的に作りがんワクチンとして投与する、またがん患者からがん細胞への攻撃力を持つ免疫細胞を取り出し、その数や機能を大幅に増強して再び体内に戻すなどの種類があります。

米のジミー・カーター元大統領が致死性の極めて高い悪性黒色腫と診断され、死刑宣告を受けたも同然の状況から免疫療法を駆使してがんがほぼ消滅したというニュースは、極めて衝撃的でした。免疫療法はまだ新しい分野で開発途上であることは事実ですが、これまでの治療法との組み合わせにより、がんは怖くない、がんは根治が可能といえる日がくることを強く期待します。

※厚生労働省の「平成28年人口動態統計月報年計」による。

●がん遺伝子とがん抑制遺伝子

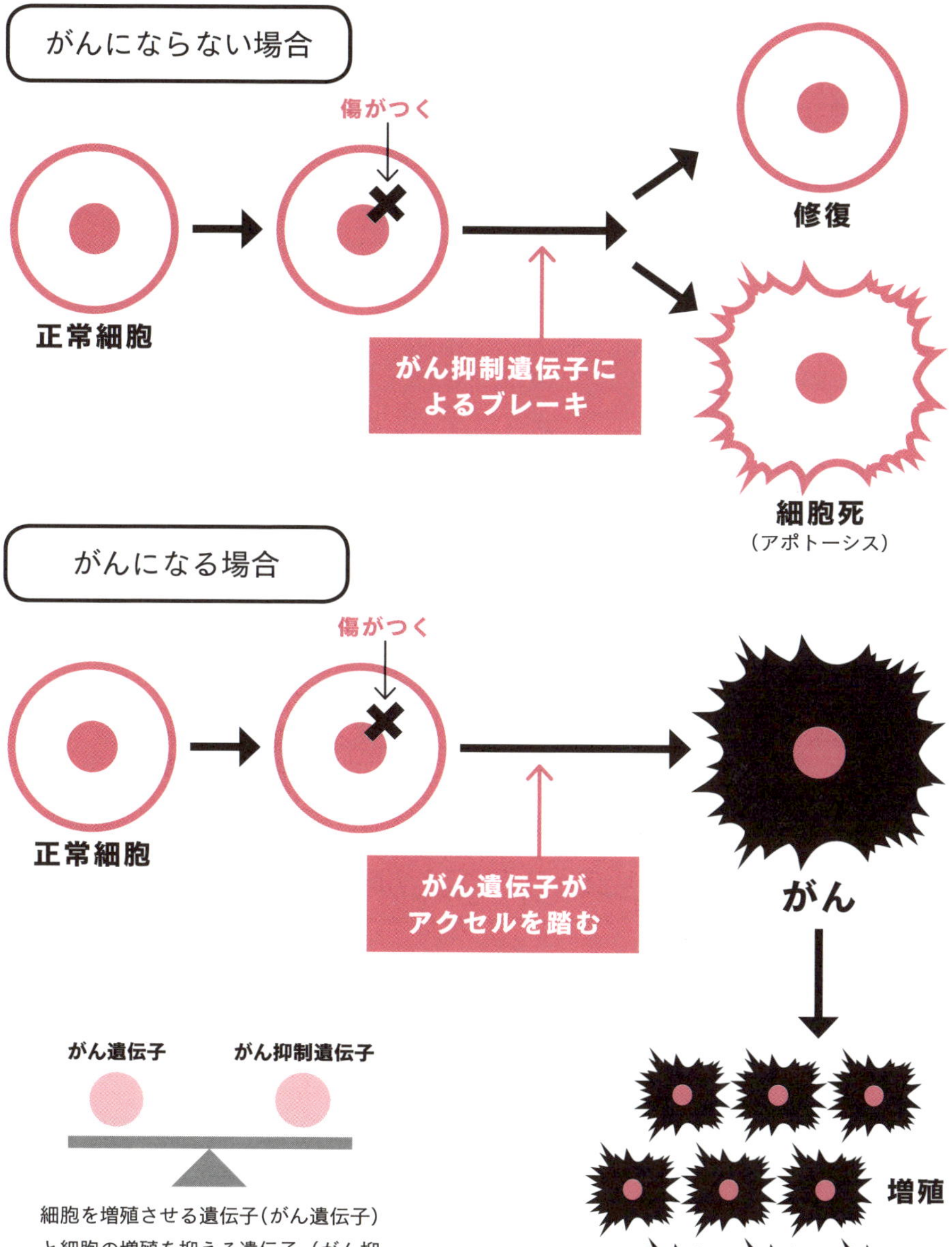

細胞を増殖させる遺伝子（がん遺伝子）と細胞の増殖を抑える遺伝子（がん抑制遺伝子）のバランスが崩れると、細胞が暴走し、異常増殖を始める

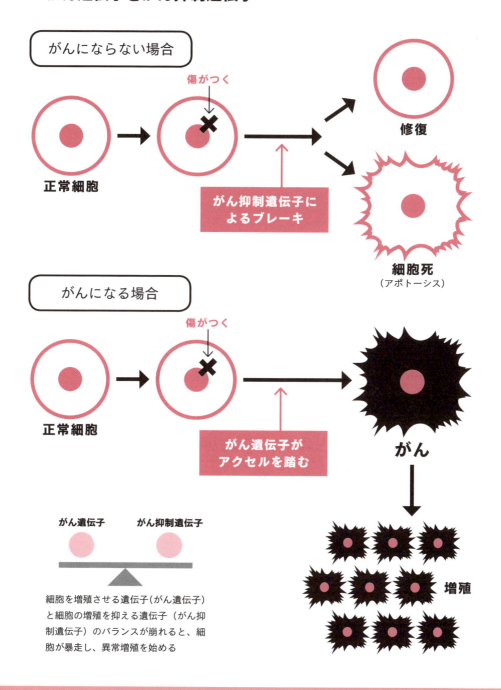

COLUMN 5

人間は死んだら21g軽くなる？

～体内環境の維持～

人間は死んだら軽くなるのではないか、ということは魂の存在が信じられていた20世紀初頭には大真面目に議論され、実験に及んだ研究者までいました。2003年に公開された映画『21グラム』は、その実験で明らかにされた「魂の重量差」のことです。もっともその実験は科学的根拠に欠けるものとして、その後、明確に否定されています。

ただし死んだら体重が減るのは間違いありません。魂説を取った研究者が、差し引いたと強弁した、水蒸発分です。生きている間は、発汗も含む蒸発分を脳が関知して、渇きとして生体に知らせ、生体はそうした情報を受けて水分を摂ることで渇きを癒《いや》しますが、死体となればそんな調整はもちろんできませんから。

生体における体内環境を一定に保つための調整は、水分に限らず、常に体内で行われています。たとえば、体温。外気温が何度であっても人間の体温は35度から37度程度に収まります。暑いときは発汗により体温を下げ、寒いときは収縮により発熱するからです。こうした、体内環境を一定に保つ仕組みを、ホメオスタシス（恒常性）といいます。

ところで、冒頭の21グラム論争。魂説を唱えた研究者は、批判を受けて意固地になったのか、その後は魂の写真を発表するなどオカルト路線に走り、世間からは一顧《いっこ》だにされなくなりました。

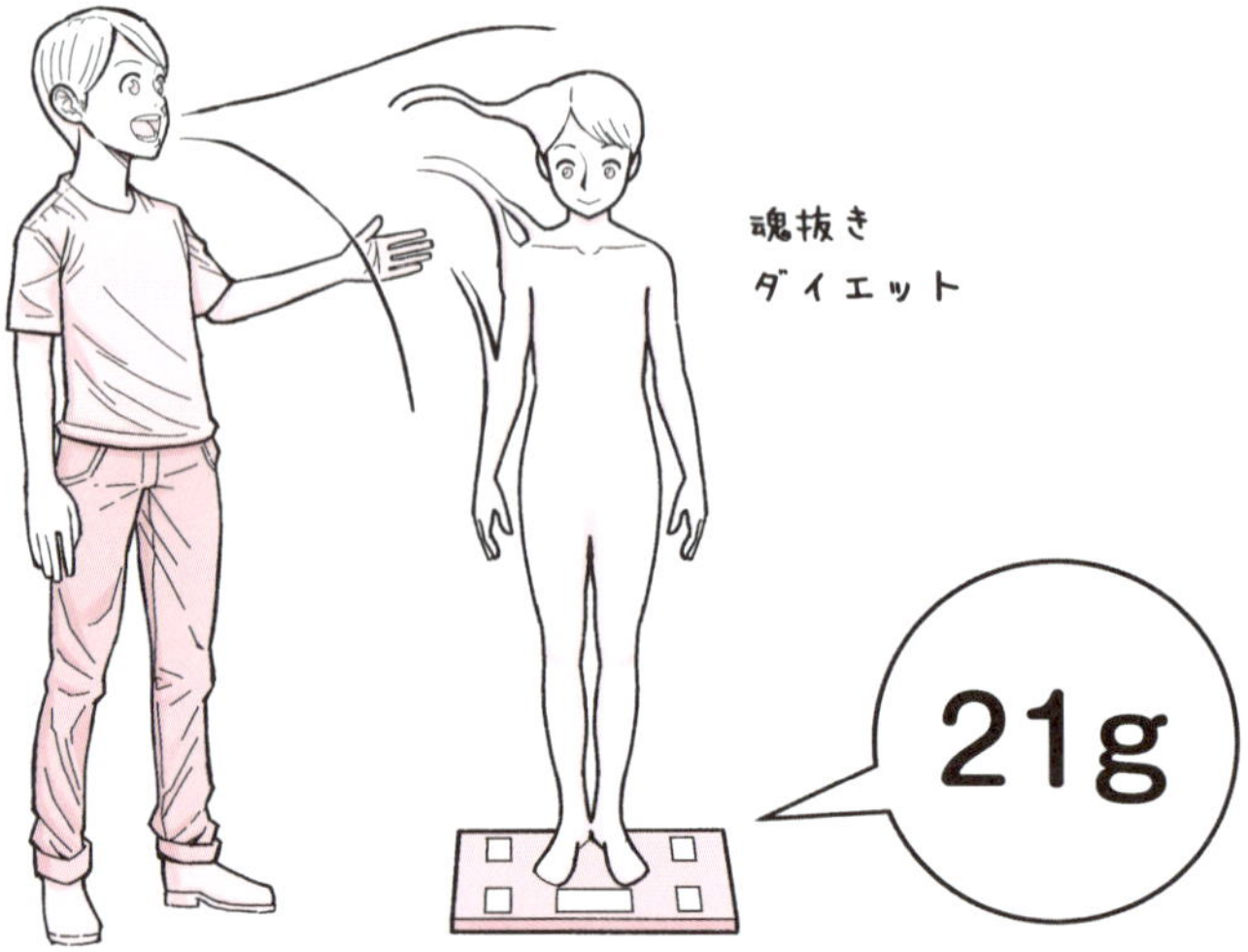

6章

生態系のしくみと生物の未来

地球上に生物は何種類生息している？

～生物の種と数～

この地球上には、どれだけの生物が生息しているのでしょう。２０１１年にカナダとハワイの大学の共同研究チームが発表した論文によれば８７０万種類以上と推定されています。

その内訳は動物が７７７万種、植物が29万８０００種、菌類が約61万１０００種、そのほか原生動物などですが、ＩＵＣＮ（国際自然保護連合）の調べでは、**現在その存在が認められている生物は１３７万種ほど。つまり推定数の６分の１程度で、６分の５はまだ発見されていない**ということになります。

実際に、17年8月、ＷＷＦ（世界動物保護基金）が、14年から15年にかけてアマゾンで発見された新種の脊椎動物の数を公表しましたが、その数なんと１６５種!!　内訳は魚類93種、両生類32種、哺乳類20種、爬虫類19種、鳥類１種です。

ここに、もっとも種類が多い生物といわれる昆虫の新種を加えたら、どれだけの数になるのでしょう。ジャングルの奥深く、あるいは深海など、人間があまり立ち入らないところには、まだまだ未知の生物がたくさんいることが想像できます。

生物を統一的に分類する方法として、18世紀にスウェーデンの生物学者カル・フォン・リンネが提唱した「種」による分類が現在もなお使われています。リンネは種の学名に二名法（属名と種小名）を使って生物の分類を体系づけることに貢献しました。現在では、種、属のさらに上位に界（※）、門、科、目、綱のカテゴリーを用いて分類しています。たとえばヒトは、動物界→脊索《せきさく》動物門→哺乳綱→サル目→ヒト科→ヒト属→ホモ・サピエンスとなります。

※「界」は原生動物界、植物界、菌界、動物界の４つ。

●階級によるヒトの分類

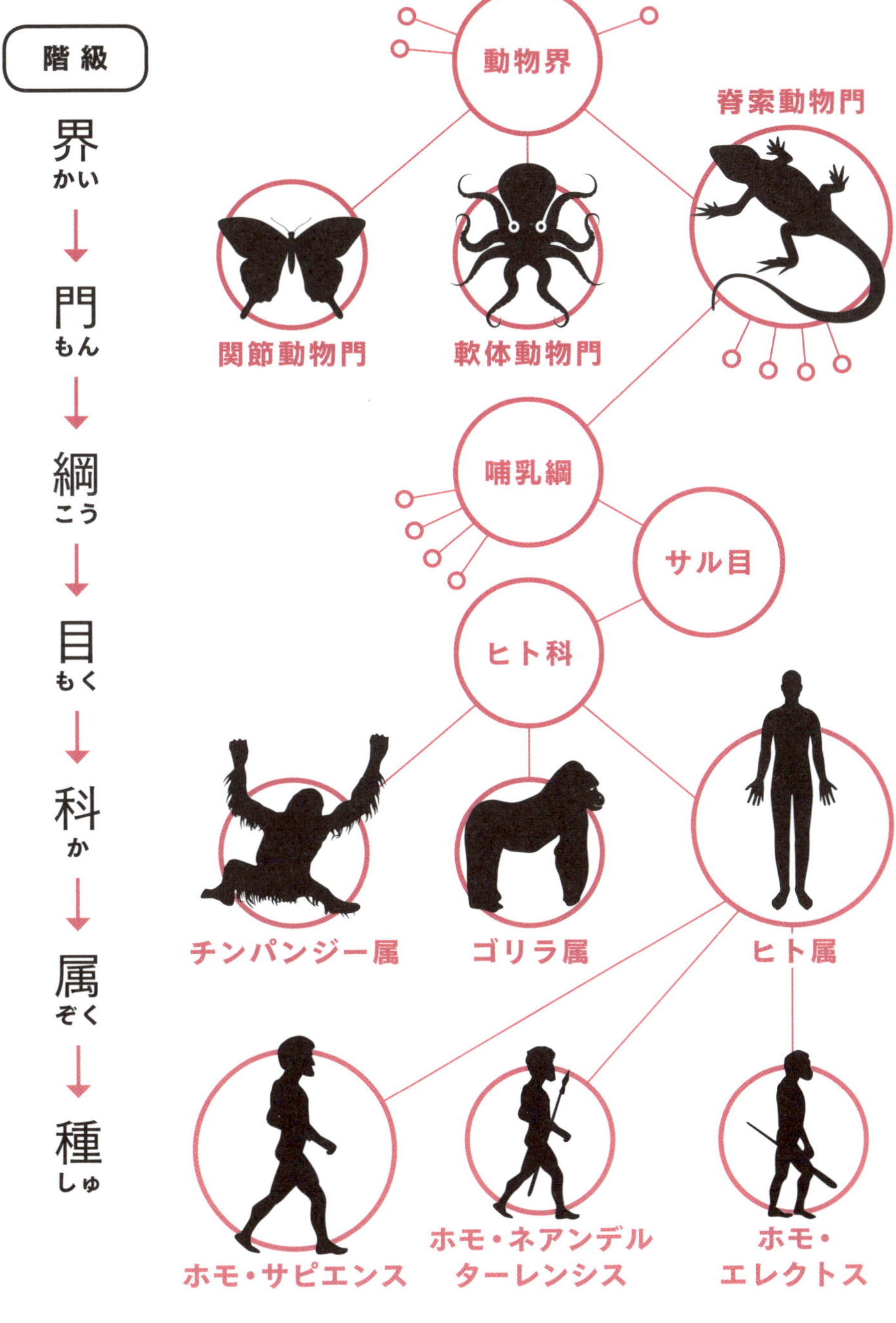
階級
界《かい》
門《もん》
綱《こう》
目《もく》
科《か》
属《ぞく》
種《しゅ》
動物界
脊索動物門
関節動物門
軟体動物門
哺乳綱
サル目
ヒト科
チンパンジー属
ゴリラ属
ヒト属
ホモ・サピエンス
ホモ・ネアンデルターレンシス
ホモ・エレクトス

ワカメは世界の嫌われもの!?

～生態系と外来種～

　2017年、南米原産のヒアリの上陸が初めて確認され、日本中が大騒ぎになりました（※）。ヒアリはIUCN（国際自然保護連合）が定めた「世界の侵略的外来種ワースト100」に含まれる、恐ろしいアリです。なにしろ、人を死に至らしめることもある毒を持っているのですから。しかしこうした外来種の本当の怖さは、毒などの身体的特徴ではなく、生態系への影響にあります。

　生態系は、生物の被食と捕食の関係「食物連鎖《しょくもつれんさ》」によって成り立ちます。分解者である土壌動物を底辺に、生産者たる植物、草食性動物、肉食性動物と連《つら》なります。ピラミッドの頂点に立つのは大型の肉食動物ですが、彼らがすべてを食べ尽くしてしまわないのは、絶対数が少ないからです。こうしたバランスは環境に応じて長い時間をかけて作られていきます。

　そのバランスを崩す危険性を秘めているのが外来種です。わかりやすい例をあげれば、ハブ退治のために奄美《あまみ》大島に放たれたジャワマングース。彼らは食物連鎖の階層の低い小動物を片っ端から食していきました。また繁殖力も強力でした。そのまま放置していては、食物連鎖のピラミッドが、逆三角形になってしまいます。生態系を守るために、現在でもジャワマングースの駆除が続けられています。

　ところで日本発の水生植物で世界から嫌われている種があることを知っていますか。ワカメです。ワカメは日本発の悪玉外来種として「世界の侵略的外来種ワースト100」に選ばれています。世界のほとんどの国では海藻を食べる習慣がないので、繁殖力の強いワカメは増殖一方になりかねないのです。

※東京都内で見つかったことのある危険な外来種はヒアリの他に、セアカゴケグモ、ハイイロゴケグモ、カミツキガメ、アカカミアリ。

●生態系ピラミッド

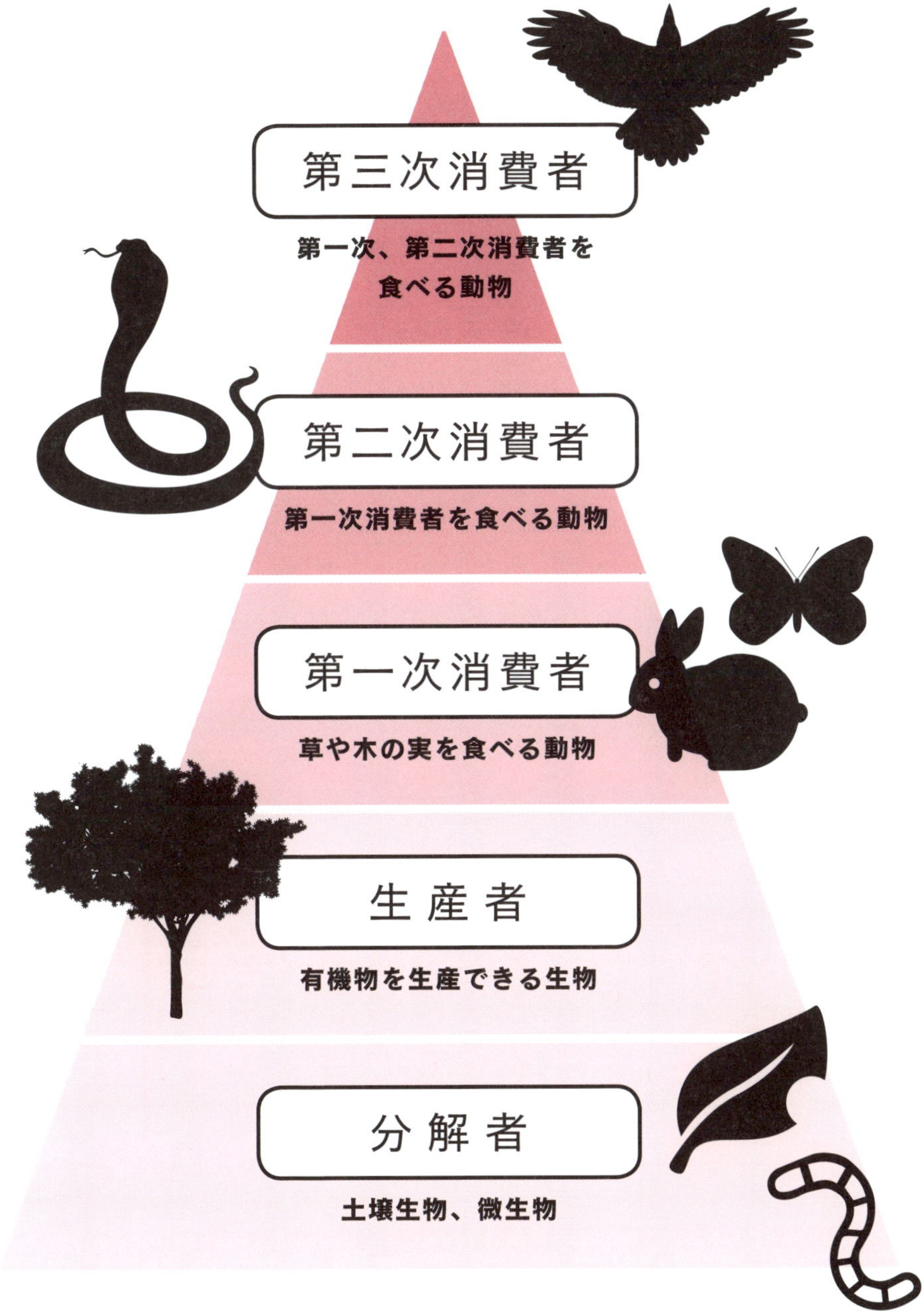
第三次消費者
第一次、第二次消費者を
食べる動物
第二次消費者
第一次消費者を食べる動物
第一次消費者
草や木の実を食べる動物
生産者
有機物を生産できる生物
分解者
土壌生物、微生物

生物は酸素がなくても生きられるのか？

～地球外生物発見の可能性～

生物は、酸素を使って細胞内のミトコンドリアで生命維持のエネルギーを得ています。言い換えれば、酸素なしでは生きられないということ。しかし、2010年そんな常識を覆《くつがえ》す生物が地中海の海底で3種、イタリアの調査チームによって発見されました。

いずれも体長1ミリ以下の微生物で、塩湖（塩水湖）に生息していました。そこは極端に塩分濃度が高い水域で酸素を含んだ海水とまじわることがありません。つまり無酸素状態です。

これらの生物はミトコンドリアに代わる細胞器官（ハイドロジェノソーム（※））を持っていることがわかりました。酸素がなくても多細胞生物が生命を維持できるという発見は、地球外生命体の調査研究を行う研究者たちにとっても、朗報だったようです。

また2017年には、地下の巣穴でごったがえした環境で暮らしているハダカデバネズミが、無酸素の状態で18分もの間生存できることが研究者の実験から明らかにされました。**通常の生物はミトコンドリアでのエネルギー生産の原料としてブドウ糖を使うのですが、ハダカデバネズミは低酸素状態になると果糖という糖を利用するエネルギー生産にスイッチし、酸素がなくてもエネルギー生産が中断することがない**という戦略をとって、酸素が少ない地中という環境に適応できるよう進化したようです。

ヒトの体の細胞の中でも果糖を利用する方法を見つけられれば、発作や心筋梗塞で酸素の流れが妨げられた患者さんを助ける手段に繋がるかもしれません。今後の研究が期待されています。

※ミトコンドリアが変異したもの。これまで単細胞生物の体内でしか確認されていない。

●酸素がない場合の生物のエネルギー代謝

通常の呼吸

ミトコンドリアにおいて、
ブドウ糖を用いてエネルギーを生産する

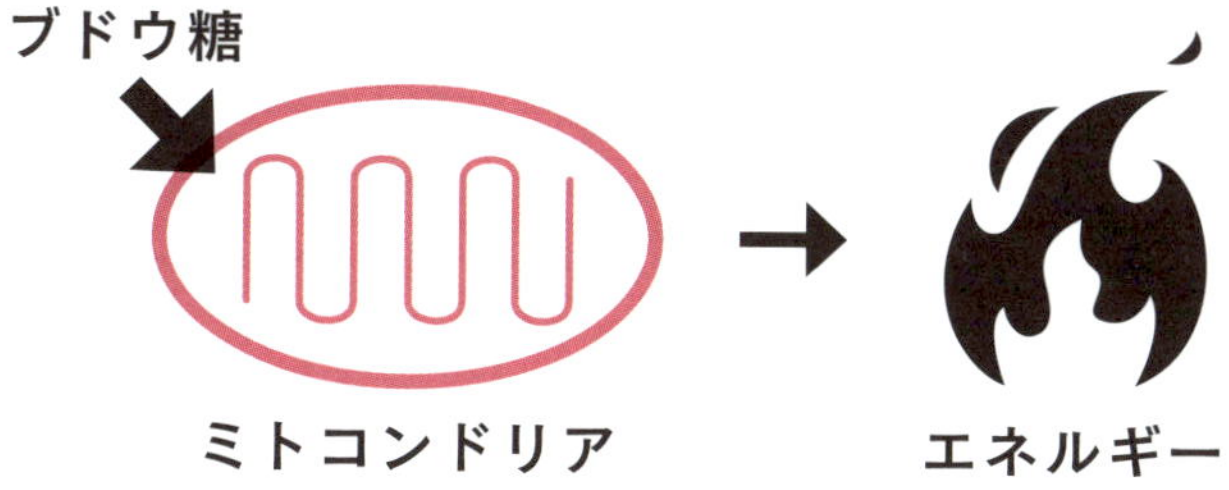

O_2がないとき

ハダカデバネズミの場合

ブドウ糖から果糖に切り替えて対処する

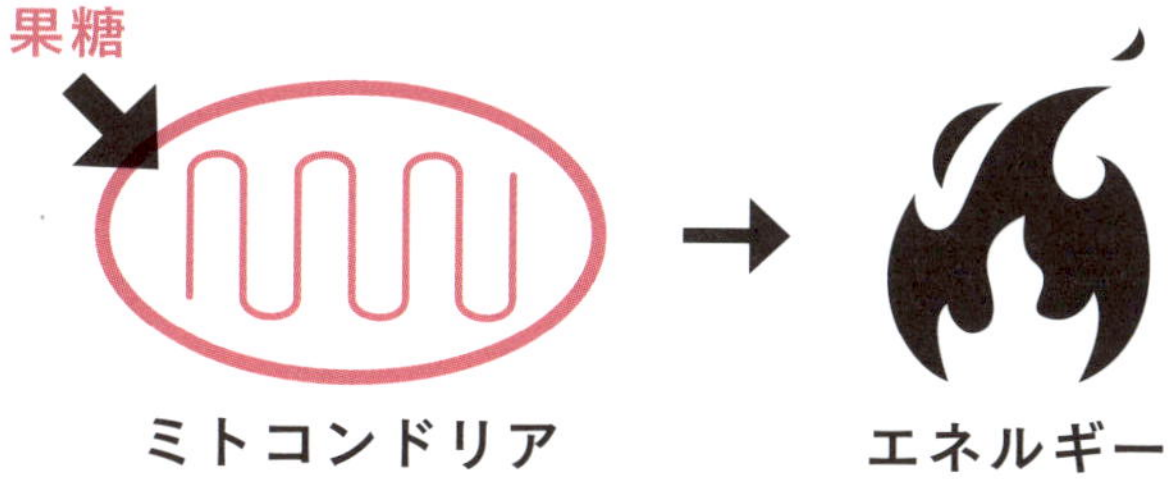

無酸素状態でも生きられる微生物

ミトコンドリアに代わる細胞小器官
を用いてエネルギー生産をする

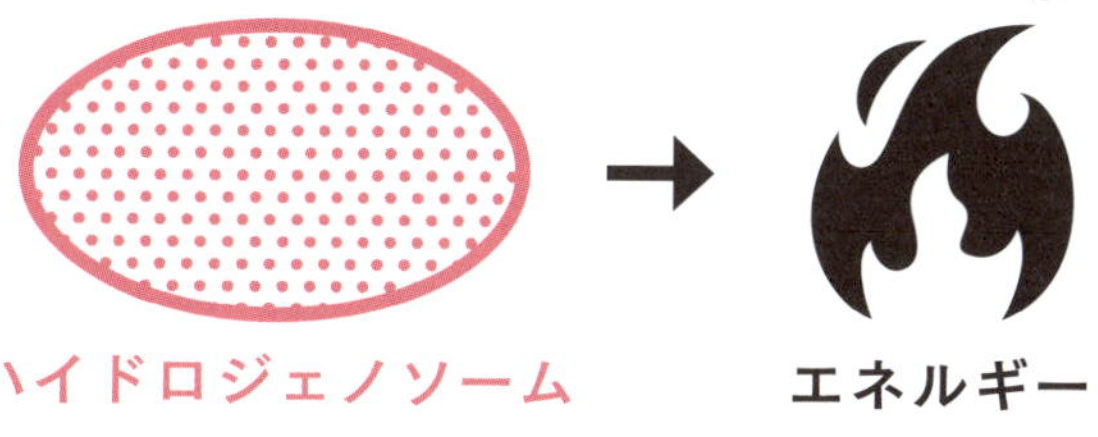

ヒトが保有する細菌は1000兆個以上!?

～細菌の種類と役割～

細菌は真正細菌あるいはバクテリアとも呼ばれる単細胞生物です。その一部はヒトや動物の皮膚表面、消化器などに棲《す》みついています。たとえば、ヒトの腸には、約3万種類、1000兆個におよぶ細菌が住んでいて、重さにすると、1・5キロから2キロにもなるというから、びっくりです。

腸内の細菌は善玉菌《ぜんだま》と悪玉菌《あくだま》に大別できます。**乳酸菌やビフィズス菌などの善玉菌は、消化吸収を助けたり、病気に対する抵抗力を高めたり、体にプラスとなる菌です。反対に、悪玉菌は、大腸菌やウェルシュ菌など、さまざまな有害物質を作り出し、体にマイナスとなる菌です。**

これらの多様な腸内細菌が種類ごとにまとまって、ビッシリ腸内の壁面に生息しています。その様子が、まるでさまざまな植物が種ごとに群生しているお花畑のようであることから、腸管における腸内細菌の様相を「腸内フローラ」（フローラ＝お花畑）と呼んでいます。細菌の総量はほぼ決まっているので、善玉菌と悪玉菌のバランスがとても重要になります。

発酵食品を作る上で欠かせない善玉菌の乳酸菌は、昔から人間の食生活に深く関わってきました。乳酸菌は我々の腸内で他の善玉菌の増殖を助け、腸内フローラのバランスを整える働きをしています。だから乳酸菌を含むヨーグルトは体にいいとされているのです。

腸内フローラのバランスが崩れることによって起こる病気はたくさんあります。免疫力の乱れによるアレルギー疾患やがんの発生も促されることがわかっています。最近の研究では、肥満や糖尿病、認知症まで腸内フローラの乱れが関係するとの報告もあります〈※〉。

※善玉菌には悲しい気持ちをやわらげる効果があるとの研究結果も発表されている。

●腸内フローラを構成する腸内細菌

善玉菌

免疫力をアップさせて病原菌の侵入や増殖を防ぐ、人間にとって有用な菌

乳酸菌、ビフィズス菌など

悪玉菌

腸の中のものを腐敗させ有毒物質を作る、人間にとって有害な菌

大腸菌、ウェルシュ菌など

日《ひ》和《より》見《み》菌

腸内の状態によって善玉菌にも悪玉菌にも変化する、どっちつかずの菌

……これらがヒトの腸内に約3万種類、1000兆個！

●腸内フローラの理想的なバランス

2 ： 1 ： 7

17年周期の大量発生「素数ゼミ」の謎

～昆虫大発生現象～

　ガやイナゴなど昆虫の大発生はたびたび話題になります。たとえば、イナゴであれば、エサが豊作の翌年は大発生。そして、農作物が食べ尽くされるという被害が出ます。そして、カメムシは、杉やヒノキに卵を産み、卵からかえったカメムシはその実をエサにして成長します。よって、花粉の飛散量が多い年はエサの実が多く、大量発生につながるようです。このように**通常、大発生には補食と被食の関係が根底にあります。**

　しかしアメリカ北部に13年あるいは17年に一度だけ起こるセミの大発生は食物連鎖から説明がつかず、長年原因不明とされてきました。その謎を、静岡大学の吉村教授が生物学的というよりは、むしろ数学的なアプローチにより解明しました。鍵は「素数」にあったのです。

　多くの生物が絶滅に追いやられた氷河期、北米の暖流の近く、あるいは盆地など、あまり気温が下がらない狭い範囲でセミは生き延びました。彼らは地中で12年から18年を暮らし、その後地上で繁殖活動をしました。しかし、せっかく地上に出てきても、交尾の相手が見つからなければ子孫を残すことができません。そのため、**一斉に羽化《うか》をして、交尾産卵をするという戦略をとったのです。**ただしセミの羽化は最初から13年と17年周期だったわけではなく、12年から18年周期で分布していました。周期違いの交雑は周期の乱れを生むため、やがて絶滅へと向かいます。たとえば、12年ゼミと18年ゼミを例にとると36年ごとに交雑のリスクがありますが、素数である13や17は最小公倍数が跳ね上がるため交雑のリスクが極めて低く、最小公倍数が大きくなる「素数」ゼミが生き残ったのです。

●セミの交雑のリスク

例

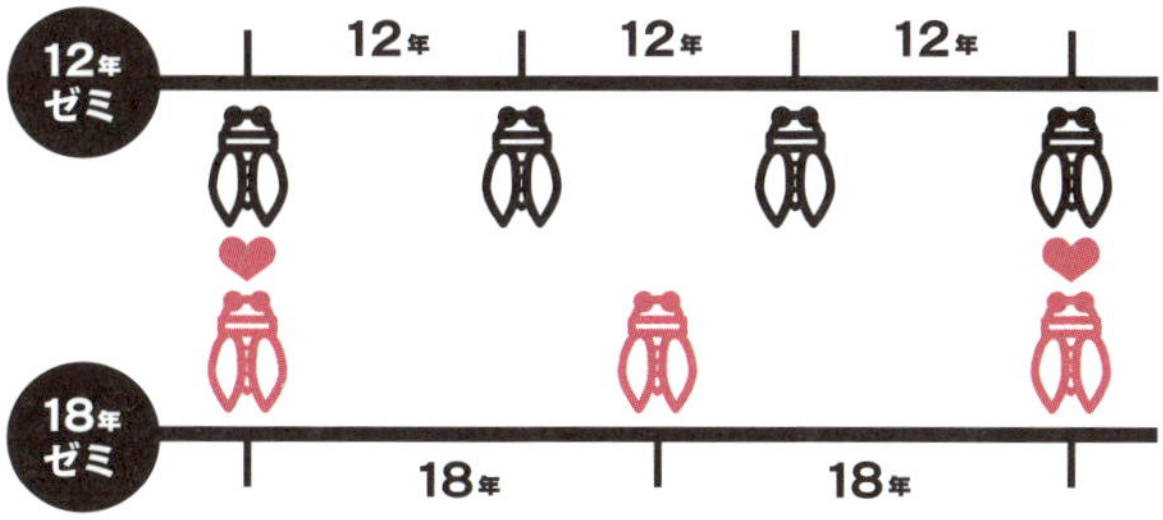

12年ゼミと18年ゼミでは36年ごとに交雑のリスクがある。

最小公倍数の表

交雑	12年	13年	14年	15年	16年	17年	18年	平均
12年		156	84	60	48	204	36	98
13年	156		182	195	208	221	234	199
14年	84	182		210	112	238	126	158
15年	60	195	210		240	255	90	175
16年	48	208	112	240		272	144	170
17年	204	221	238	255	272		306	249
18年	36	234	126	90	144	306		156

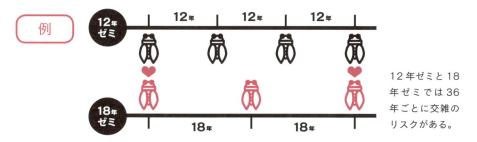

動物たちの偏食はなぜ健康に影響しないの!?

～草食動物と肉食動物～

健康を保つにはバランスのいい食事を心がけること。一日30品目摂ることを心がけましょう――。こうした記事を見かけるたびに心配になるのは、動物たちの偏食ぶり。コアラはユーカリの葉ばかり食べているし……。彼らは十分な栄養を摂れているのでしょうか。

草食動物から考えてみましょう。たとえば**ウシが草だけを食べて生きていけるのは、消化器内に共生させている微生物のおかげです。**実は、ウシは、共生している微生物のエサとして、草を食べています。ウシ自身が草から栄養を摂取するというよりも、**微生物の排泄物を吸収してブドウ糖を作り出し、エネルギーを生産するのです。**また、死んだ微生物がタンパク源ともなっています。

一方、肉食動物はというと、生肉や内臓はタンパク質・脂質のほかミネラル・ビタミン類も豊富に含む「完全栄養食」なので、植物を摂らなくても栄養不足に陥ることはありません。ただし、**草食動物を仕留めた際には、その胃腸の中にある消化途中の草からまず食べ始めます。**肉食動物は植物を消化することはできませんが、獲物の胃腸内で消化されたものなら問題なく、そこに含まれるビタミンを摂取することができるのです。

ちなみに、コアラの大好物のユーカリの葉には、脂質、糖分、タンニン、タンパク質、カルシウムなどの成分がバランスよく含まれていて、コアラの完全栄養食といえるそうです。大好物というよりは、生存競争に敗れたコアラの祖先がエサを求めて木に登り、毒性のあるユーカリを常食とすることで食糧を確保したと考えられています〈※〉。ユーカリに含まれる毒性の解毒にも腸内細菌が活躍しています。

※パンダが笹を口にするようになったのも、他の肉食動物との争いを避けるためといわれている。

●ウシのタンパク質摂取

第１胃で飲み込んだ草を発酵させ微生物を増殖させる。ここで増殖した微生物は第４胃に運ばれ、胃酸を分泌して微生物を消化し、タンパク源として吸収する。

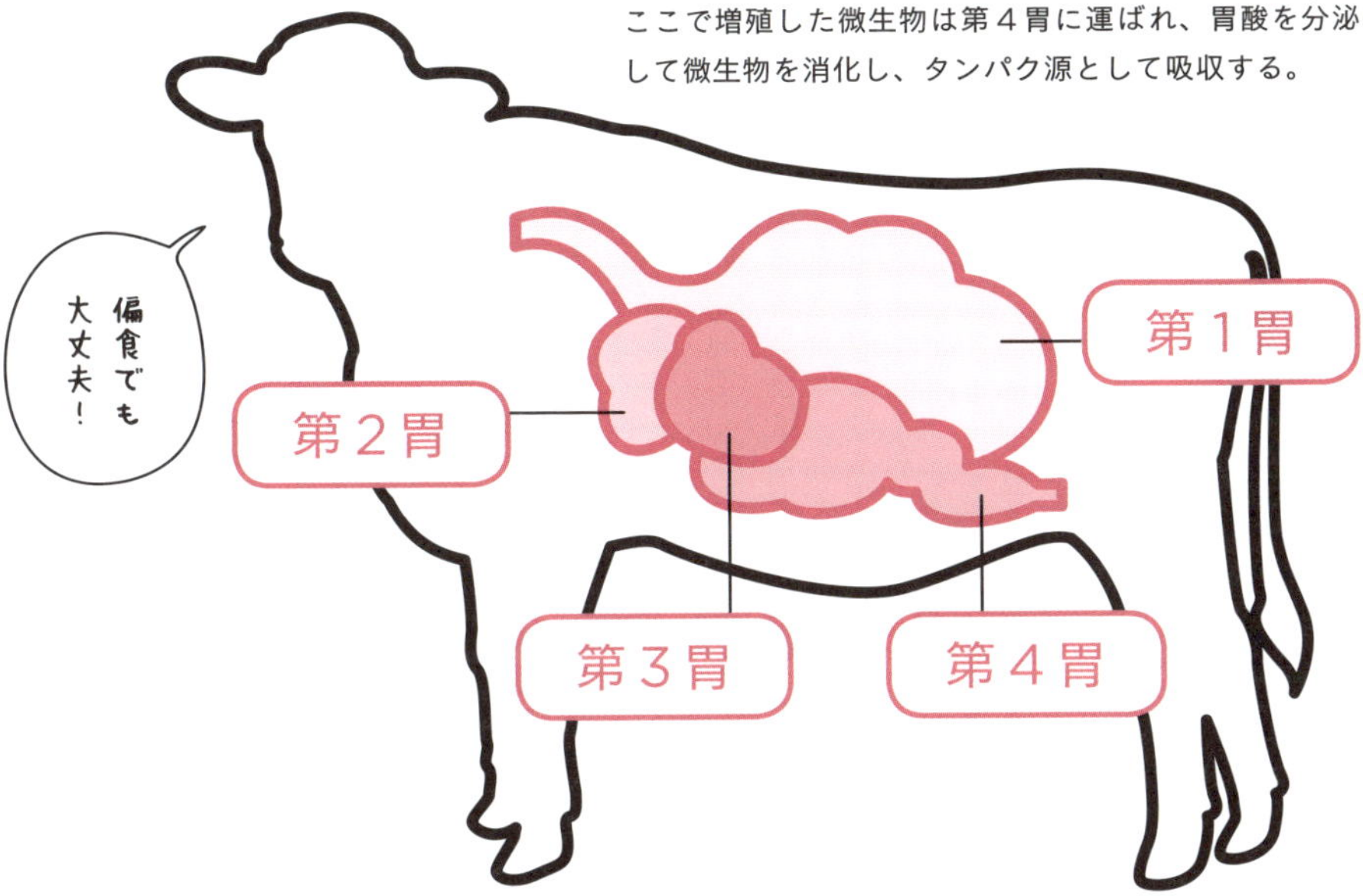

●動物の腸の長さ

繊維を多く含む植物を消化吸収するには時間がかかるため、腸の長さは草食動物ほうが肉食動物より長くなっている。雑食性が高い人間の腸の長さは体長の約12倍、草食動物であるウシは約20倍。対してライオンやオオカミなどの肉食動物は体長の４倍ほど。

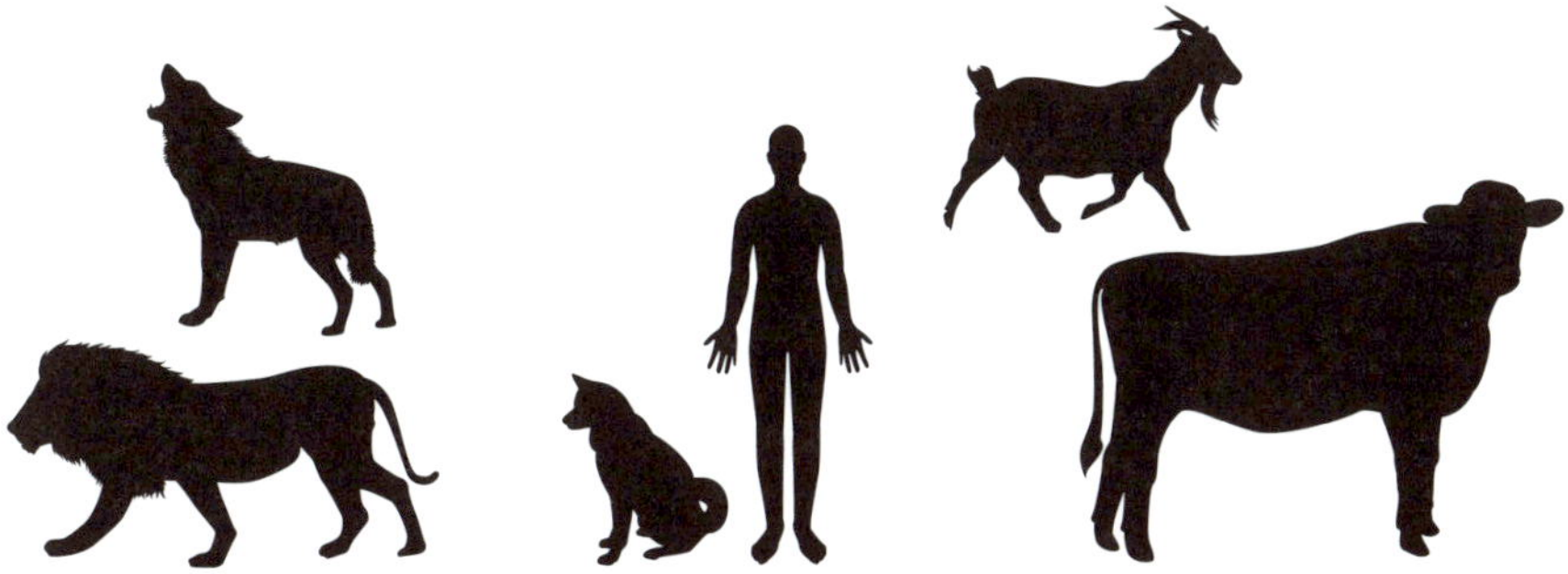

	肉食	雑食	草食
体長に対する腸の長さ	4倍	12倍	20倍

ウナギもマグロも〝食べ放題〟はNO！

～食と資源保護～

ウナギのカバ焼きの匂いは猛烈に食欲を誘います。匂いに誘われて店頭まで行ってみたものの、金額を見てびっくり。それほど現在のウナギの価格が上昇している理由は、単純にウナギが捕れなくなってしまったからです。

ニホンウナギの漁獲量を過去50年間の推移で見ると、１９６０年代には３４００トンあまりだったものが、２０１１年には２３０トンになっています。養殖種苗《しゅびょう》となるシラスウナギも同様で、60年代には２００トン以上あったものが、２０１１年には10トンを割り込んでいます。

減少の原因は、いくつか考えられます。**ひとつは、河川や海岸の護岸工事など人為的な要因による生息環境の悪化です。もうひとつが海流の変化。**ニホンウナギはマリアナ海溝付近で産卵することが日本の研究チームの調査により明らかになっていますが、孵化した幼体が海流の変化の影響で日本沿岸までたどり着くことができずに死ぬケースが増えているというのです。**海流の変化には温暖化の影響も指摘されています。乱獲も深刻な影響を与えていることも確かです。**

ニホンウナギは２０１４年、ＩＵＣＮ（国際自然保護連合）から絶滅危惧種に指定されました。完全養殖技術が確立されるまでウナギの値段が下がることはないかもしれません。

海産物はともすると無限のように思えますが、ウナギのような事態を招く危険性を常にはらんでいます。太平洋マグロも現在は絶滅危惧Ⅱ類に指定されています。食と資源保護について真剣に考えるべきときが来ています。

●日本における絶滅危惧種の分類（環境省レッドリスト2017より）

絶滅

日本ではすでに絶滅した種

ニホンオオカミ、ニホンカワウソなど

野生絶滅

人が飼育したものだけが生きている

トキなど

絶滅危惧ⅠA類

近い将来、絶滅の危険性が極めて高い

イリオモテヤマネコ、ラッコ、ジュゴン、
コウノトリ、ヤンバルクイナ、シマフクロウなど

絶滅危惧ⅠB類

ⅠA類ほどではないが、絶滅の危険性が高い

イヌワシ、ライチョウ、アカウミガメ、ニホンウナギなど

絶滅危惧Ⅱ類

絶滅の危険が増えている

アホウドリ、ハヤブサ、タンチョウ、
オオサンショウウオ、ゲンゴロウ、オオクワガタなど

準絶滅危惧

現時点で絶滅の危険は小さいが、可能性はある

トド、エゾナキウサギ、ニホンイシガメ、トノサマガエルなど

自然回復への地道な取り組み

～復元生態学と緑化運動～

生態系はさまざまな要因で複雑に絡みあうことでバランスをとっています。しかし、自然災害などの不可抗力によって乱されるケースも少なくありません。たとえば、暴風雨による土砂崩れは森林をなぎ倒し、地域内の生態系に著しい影響を及ぼします。台風、火山活動、気候変動など自然由来のこうしたトラブルは、それこそ各地で頻発していますが、**それでも地球上で生態系が保たれているのは、自然が回復力を持っているからです。**火山活動による溶岩の流出地域でも、鳥などが運ぶ種子によって草が生え、昆虫が繁殖し、やがて樹木も成長、多様な動物も暮らせるようになります。

しかし、人間の活動による自然破壊は、自然の回復力が追いつかないレベルの速さで進行します。各地で見られる砂漠化現象、温暖化によるサンゴ礁の死滅などの環境破壊が顕在化し世界的関心を集めた80年代頃から、この問題の研究に取り組む科学者が増えてきました。**破壊または損傷を受けた自然環境や、生物個体群を復元するためのこうした研究・学問を、復元生態学または復元生物学と呼びます。**

復元生態学の実地的な活動としてもっともわかりやすい例は砂漠の緑化運動でしょう。この分野では多くの日本人およびNPOが世界各地で活躍しています。たとえば「緑の大地計画」を主導する中村哲医師は、日本の伝統的な技法を用いてアフガニスタンで水路を建設し、不毛の土地に緑を根付かせました。国としても、モンゴルやアフリカなどの砂漠地帯に研究者や技術者を送り込み、緑化運動を後押ししています。地道な活動ですが、未来の地球のための大切な活動です。

●砂漠化の現状

砂漠化とは乾燥地域における土地の劣化のこと。
土地の乾燥化だけでなく、土壌の浸食や塩性化、植生の種類の減少も含まれる。

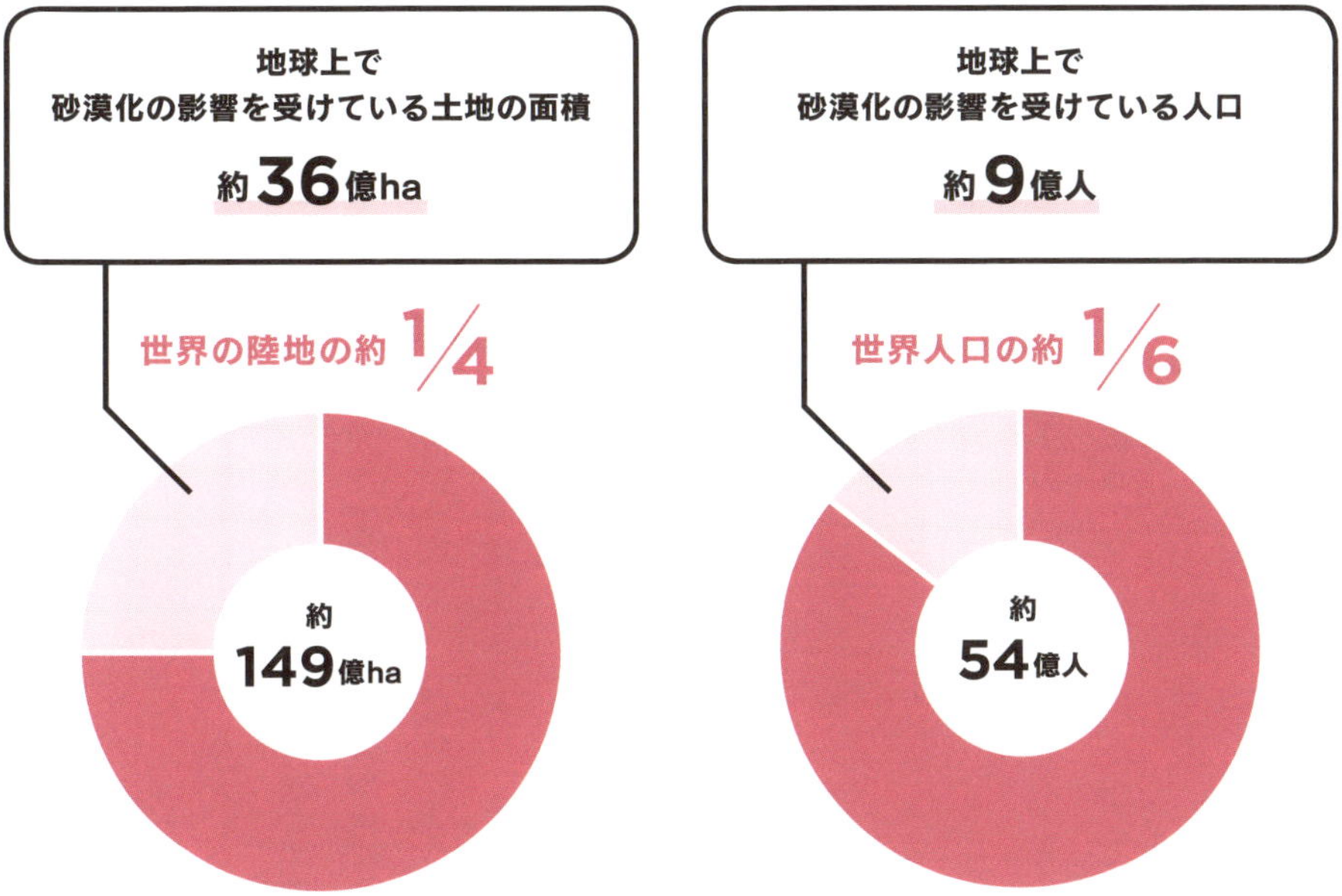

●砂漠化が起こる原因

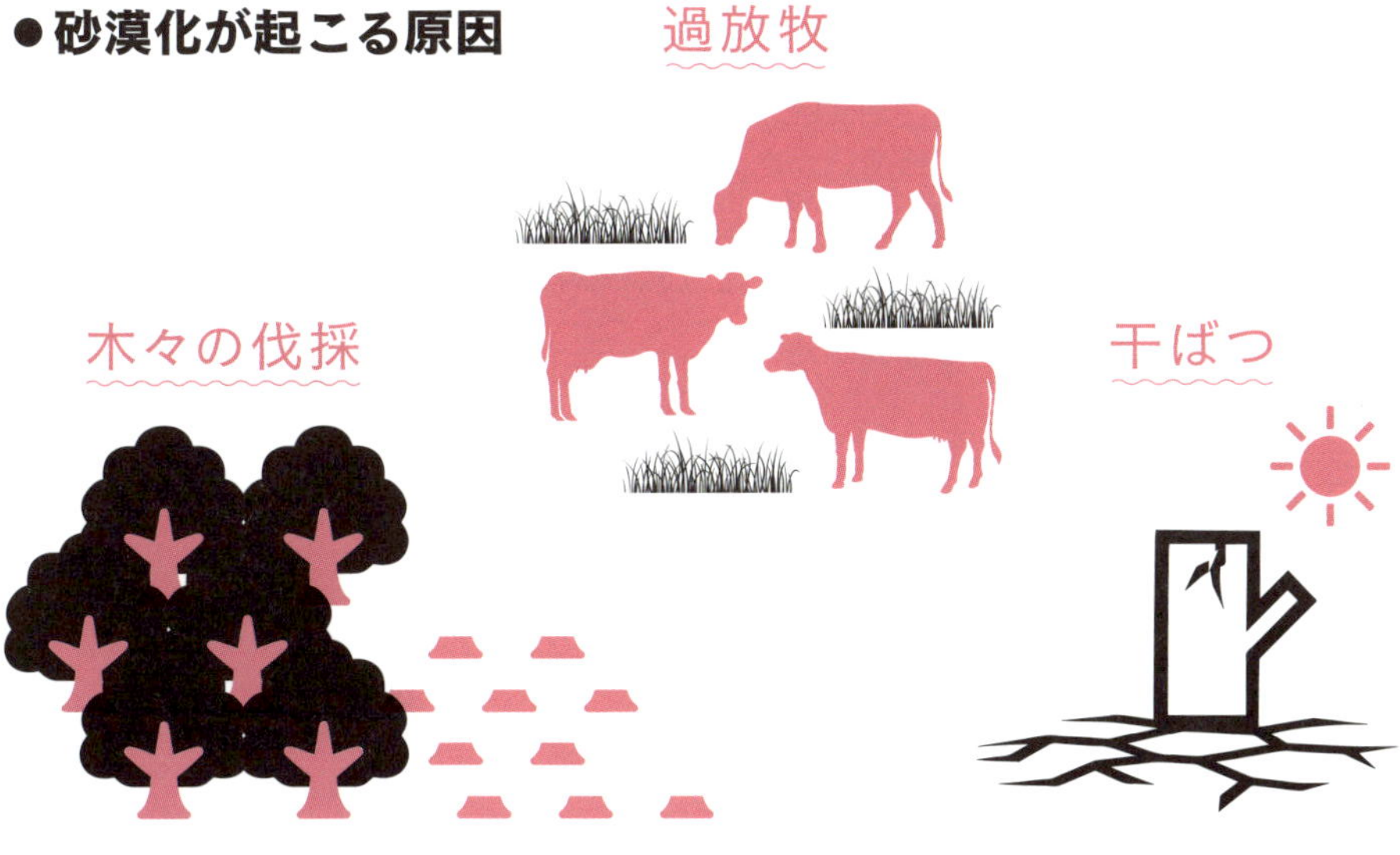

地球温暖化が人間に及ぼす影響は？

～地球温暖化と生物～

2017年6月、トランプ米大統領が「パリ協定」離脱を表明したことは、各方面に大きな波紋を呼びました。世界第2位の二酸化炭素排出国であるアメリカが離脱することによって他に追随する国が出るような事態になれば、協定の枠組みそのものが揺らぎ、地球温暖化防止の掛け声は有名無実化されてしまうからです（ちなみに1位は中国、3位はインド、日本は5位）〈※1〉。

地球温暖化は、二酸化炭素、メタン、フロンなどの温室効果ガスの影響によるものです。原因は**人間の爆発的な人口増加と、それにともなう消費エネルギーの増加にあります。**このままのペースでいくと、100年後の地上気温は平均5・8度も上昇するという調査結果もあります〈※2〉。

温暖化は生物にどのような影響を与えるのでしょうか。最新のリスク予測研究によれば、地球の気温が1度から3度上昇すると、生物種の20～30％が絶滅の危機に瀕《ひん》するとのこと。ただし、温暖化によりむしろ生物多様性が高まるとの見解もあります。赤道付近が生物の種の宝庫である事実からみれば、温暖化によってさらに多様な種が出てくる可能性もあるからです。

それでも各国が危機感を抱くのは、**生態系の頂点に立つ人間がこのまま増え続け、エネルギーを消費し続ければ、これまで人類が経験したことのないレベルのダメージを他の生物に与えかねないということから**です。人間を頂点とした不安定な生態系ピラミッドはいつ崩壊するかわかりません。何より忘れてはならないのは、我々人間にとっても、バランスのとれた自然生態系はなくてはならないものだということです。

※1 2014年度の順位。出典：EDMC/エネルギー・経済統計要覧2017年版
※2 国立環境研究所と東京大学気候システム研究センターの共同研究による。

●二酸化炭素濃度の変遷

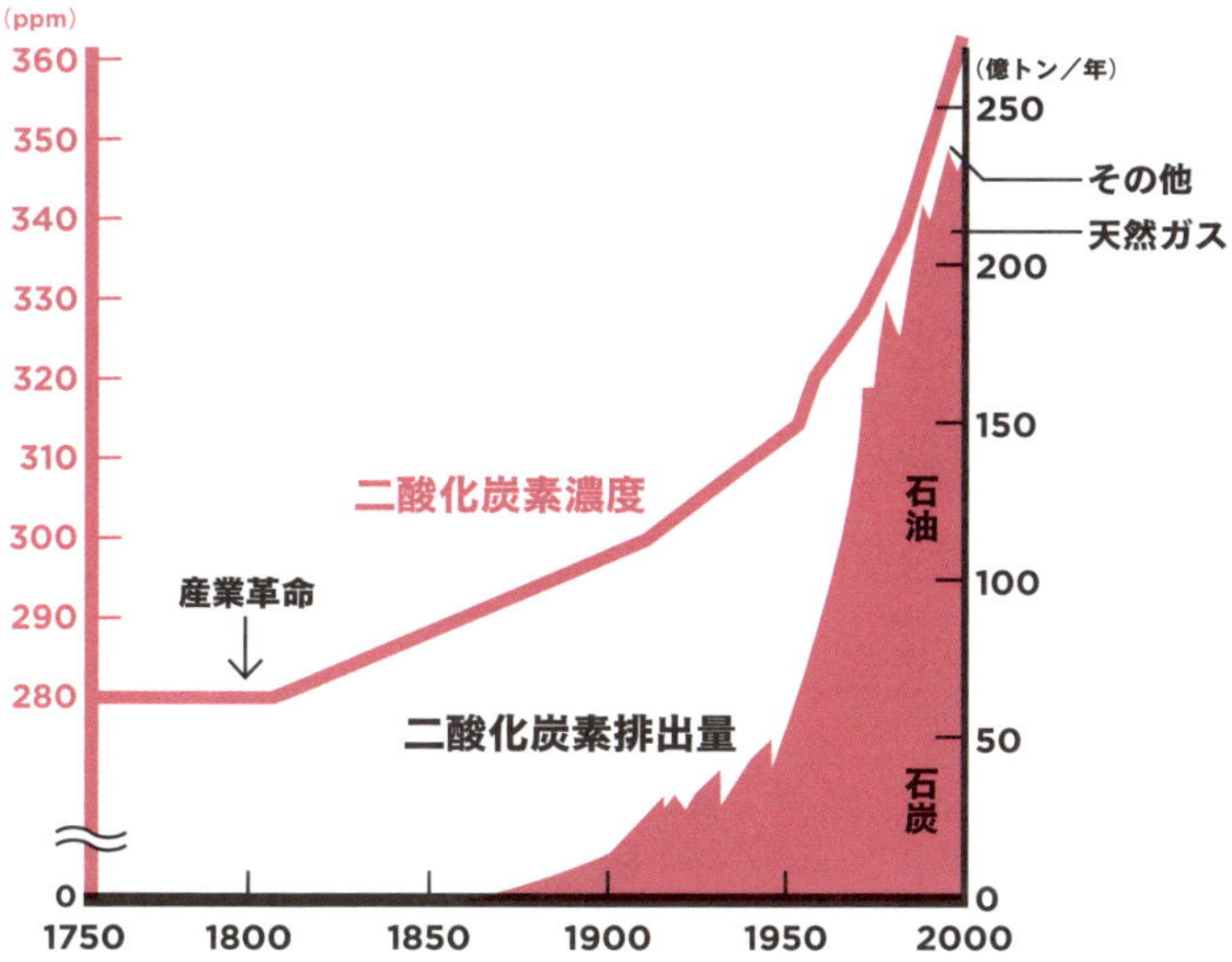

●温室効果ガスが増える原因

石炭・石油燃料の使用や家電製品の使用、
排気ガスの影響で温室効果ガスの膜が厚くなり、
熱が閉じ込められてしまう

森林の伐採が原因で
二酸化炭素を吸収できない

一年間に4万種が絶滅している!?

～生物多様性の危機～

地球上にはその存在が科学的に認知されている生物が137万種類ほどいます。しかし、まだ見つかっていない種は、その数倍いるとみられています（P108参照）。つまり、地球上にはそれほど多種多様な生物がいるということです。

しかし、生物の絶滅のスピードはどんどん加速しています。恐竜の時代には1000年に1種が絶滅していたと考えられていますが、100年前には1年に1種、そして、**今では1年間に4万種以上の生物が絶滅しているというのです。**

その原因は自然環境の破壊、外来生物の侵入による生態系の破壊、地球温暖化などにあります。

とりわけ自然環境の破壊は深刻で、WWF（世界自然保護基金）の試算では1970年以降の30年間で地球上の自然の30%が失われたといいます。

地球上の熱帯雨林の60%を占めるアマゾンの森林伐採はその代表的な例で、WWFはこのままいけば2050年にはアマゾン熱帯雨林の60%が破壊され、その影響でアマゾンの二酸化炭素排出量が555億トンから969億トンに増加すると警告しました。

生物の多様性があったからこそ、地球上の生物に食物連鎖というバランスが生まれました。それぞれが捕食・被食の関係があるにせよ、地球規模で考えてみればスクラムを組んでいる状態です。つまり、種の絶滅によって、スクラムのピースを失えば、即座にバランスを崩すことにつながりかねません。これまで地球は5回の大量絶滅期（※）を経験してきています。人間の影響によって6回目の絶滅期が訪れる……。そんな事態は防がなくてはなりません。環境保全は待ったなしの課題なのです。

※過去の大量絶滅は、急速な気温低下や火山ガスによる大気汚染、隕石の衝突や超新星の爆発などが原因といわれている。

●生物の絶滅スピード

2億年前	1000年間で	1種類
200～300年前	4年間で	1種類
100年前	1年間で	1種類
1975年	1年間で	1000種類
現在	1年間で	40000種類

●過去の大量絶滅

代		紀	年代	大量絶滅	出来事
太古代			40億年前		生命の誕生 光合成細菌の出現
原生代			25億年前		真核単細胞生物の出現 多細胞生物の出現
顕生代	古生代	カンブリア紀	5.4億年前		カンブリア爆発 脊椎動物の出現
顕生代	古生代	オルドビス紀	4.9億年前	大量絶滅 85%	魚類の出現
顕生代	古生代	シルル紀	4.4億年前		陸上生物の出現 昆虫の出現
顕生代	古生代	デボン紀	4.2億年前	大量絶滅 82%	魚の時代
顕生代	古生代	石炭紀	3.6億年前		両生類の繁栄 単弓類の出現
顕生代	古生代	ペルム紀	3億年前	大量絶滅 95%	爬虫類の出現
顕生代	中生代	三畳紀	2.5億年前	大量絶滅 76%	恐竜の出現 哺乳類の出現
顕生代	中生代	ジュラ紀	2億年前		恐竜の繁栄 始祖鳥の出現
顕生代	中生代	白亜紀	1.5億年前	大量絶滅 75%	恐竜の絶滅
顕生代	新生代	第三紀	0.7億年前 0.07億年前		哺乳類と鳥類の繁栄 人類の出現

監修者紹介

廣澤瑞子（ひろさわ・みつこ）

横浜生まれ。東京大学農学部農芸化学科卒業。1996年東京大学大学院農学生命科学研究科応用動物科学専攻博士課程修了。日本学術振興会特別研究員、アメリカイリノイ大学シカゴ校およびドイツマックスプランク生物物理化学研究所の博士研究員を経て、現在は東京大学大学院農学生命科学研究科応用動物科学専攻細胞生化学研究室に助教として在籍。著書に『理科のおさらい生物』（自由国民社）がある。

デザイン 榎本美香（pink vespa design）
イラスト 櫻澤詠介（桜沢アートスタジオ）
編　集 丸山美紀（アート・サプライ）

眠れなくなるほど面白い

図解 生物の話

2017年12月20日　第1刷発行
2023年 6月20日　第6刷発行

監修者 廣澤瑞子
発行者 吉田 芳史
印刷所 図書印刷株式会社
製本所 図書印刷株式会社
発行所 株式会社日本文芸社
〒100-0003 東京都千代田区一ツ橋1-1-1 パレスサイドビル8F
TEL 03-5224-6460（代表）
URL https://www.nihonbungeisha.co.jp/

Printed in Japan 112171207-112230607 Ⓝ 06　(300001)
ISBN978-4-537-21539-7
（編集担当：坂）